鄱阳湖流域中低山泥石流

监测预警技术研究与示范

甘建军◎著

江西高校出版社
JIANGXI UNIVERSITIES AND COLLEGES PRESS

图书在版编目（ＣＩＰ）数据

鄱阳湖流域中低山泥石流监测预警技术研究与示
范/甘建军著.--南昌:江西高校出版社,2023.12
ISBN 978 - 7 - 5762 - 4341 - 3

Ⅰ.①鄱…　Ⅱ.①甘…　Ⅲ.①鄱阳湖—流域—
山区—泥石流—地质灾害—监测预报—研究　Ⅳ.①
P642.23

中国国家版本馆 CIP 数据核字(2023)第 227188 号

出版发行	江西高校出版社
社　　　址	江西省南昌市洪都北大道 96 号
总编室电话	(0791)88504319
销 售 电 话	(0791)88522516
网　　　址	www.juacp.com
印　　　刷	江西新华印刷发展集团有限公司
经　　　销	全国新华书店
开　　　本	700mm×1000mm　1/16
印　　　张	9.75
字　　　数	165 千字
版　　　次	2023 年 12 月第 1 版 2023 年 12 月第 1 次印刷
书　　　号	ISBN 978 - 7 - 5762 - 4341 - 3
定　　　价	68.00 元

赣版权登字 -07 -2023 -835

前　言

　　党的十八大以来,我国持续加强了地质灾害监测预警技术的研发、地质灾害监测预警设备及系统的建设、地质灾害防治政策法规的建设以及地质灾害防治的科普建设,取得了显著的成效,建立了较为完善的地质灾害防治体系。

　　在全球气候异常、极端气候频发的新形势下,鄱阳湖流域中低山泥石流分布范围广、突发性强、难以精确预警,给当地的经济社会发展和人民群众生命财产安全造成重大威胁,也给政府和相关管理部门对泥石流的防灾减灾工作提出了新难题。

　　中低山泥石流的防治需要坚持底线思维、问题导向和系统观念,充分考虑鄱阳湖流域中低山区的工程地质条件,特别是岩土工程特性及其结构特征,持续开展泥石流灾害隐患的科学研究,从内在力学机理、降雨触发机制的研究出发,建立起适合中低山区的预警模型,研发监测预警的智能预警方法和监测系统,提高监测预警的精准度和实效性,提升保障人民群众生命财产安全的信息化和智能化水平。

　　目前,泥石流等地质灾害监测预警技术日新月异,普适型监测预警设备已经在全国推广,取得了较好的实效,但也存在着泥石流监测预警的发生机理不清,监测预警技术与泥石流内在机制结合还不够紧密等问题,需要对泥石流监测技术进行不断优化和改进。

本书针对以上问题,重点围绕鄱阳湖中低山泥石流的工程特性、结构组成、力学性质、形成机制、动力成因、防治方法进行了系统介绍。全书共分为八章:第一章为绪论,重点介绍研究的技术背景;第二章为泥石流的工程特性研究,主要分析了典型泥石流冲沟斜坡土体的矿物成分、抗剪强度等;第三章为冲沟型泥石流堆积体的结构特征研究,介绍了固结试验的成果;第四章为基于 GMD 模型的泥石流水力作用研究,介绍了典型中低山泥石流的监测预警模型及示范应用情况;第五章为基于 Voellmy 模型的泥石流过程模拟,主要介绍鄱阳湖流域典型泥石流数据模拟预测方法,并介绍了研发的泥石流监测预警设备;第六章介绍了泥石流防治手册;第七章介绍了泥石流避险手册;第八章是结语。

受复杂地形地貌、极端降雨的影响,鄱阳湖流域中低山滑坡泥石流频繁发生,成为危害当地群众生命财产的巨大隐患。虽然国家对一些直接危害人民群众生命财产安全的主要滑坡泥石流进行了监测或治理,但仍有诸多泥石流隐患未得到有效的监测和治理。在已经监测的泥石流当中,由于泥石流的工程力学特性、变形破坏机理以及监测预警阈值设计不够准确,所以泥石流在极端降雨条件下或人工切坡条件下存在着一定的危险性,需要开展必要的监测预警,提高生命财产的安全性。

为充分把握泥石流灾害的形成发展规律,作者开展了鄱阳湖流域中低山区的资料收集、文献分析、野外调查等工作,先后到九江修水、赣州龙南、九江德安、上饶德兴、宜春袁州、吉安遂川等地的中低山区开展泥石流地质灾害调查取样,并根据研究方案,先后进行了电法、物探、坑探等野外工作;从野外工程地质调查分析入手,开展了野外采集岩土体试样、室内 GDS 试验、三轴剪切试验、微观结构试验、物理模拟试验和数值分析工作,建立了 GMD 预测模型。在此基础上,作者依据鄱阳湖流域中低山泥石流的工程特点,提出了泥石流防治和避险对策。

本书的价值主要有:一是可给地质灾害防治工作者提供参考资料;二是可给地质环境类院校师生、科研单位的科技人员提供参考资料;三是为泥石流隐患区的居民和管理者提供防治指南和避险指导。

在编写本书的过程中,本人得到了广大地质灾害防治专家、科研工作者的许多帮助和支持,在此表示衷心的感谢。同时,由于本人的知识水平有限,本书仍然存在一定的不足之处,敬请批评指正。

作者

2023 年 9 月

目 录 CONTENTS

第一章 绪论

第一节 研究背景

泥石流是最危险的岩土体物质运动之一,它速度快、冲击力大、运动距离长、威胁范围大。国内外普遍采用了泥石流监测技术,针对泥石流的暴发特征,建立了各自的监测和预警/报警系统。这些技术的选择和应用高度依赖于地点和危害特征,世界上国家范围的泥石流监测系统主要分布在欧洲、亚洲和美国。这些监测的集水区大部分面积小于 10 平方公里,地形崎岖,梅尔顿指数大于 0.5。每小时 5 至 15 毫米的降雨量足以在许多地点引发泥石流,观测到的泥石流量从几百立方米到近 100 万立方米不等。

目前,国外泥石流监测系统中采用的传感器可分为两类:一类是测量起滑机制的传感器,另一类是测量流体动力学的传感器。第一类主要是雨量计,也包括土壤水分传感器和孔隙水压力传感器(见图 1.1)。第二类包括大量专注于流动程度或地面振动的传感器,通常包括用于验证和辅助数据解释的摄像机。鉴于泥石流的偶发性质,监测系统的一个基本特征是区分以低频率取样的

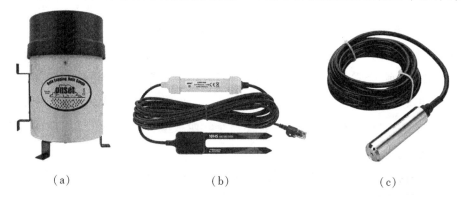

(a)   (b)   (c)

图 1.1 国外测量泥石流起滑机制的部分传感器产品

(a)Onset HOBO RG3 雨量计 (b)10HS 土壤水分传感器

(c)KPC-PA/KPD-PA 孔隙水压力传感器

连续模式("非事件模式")和以高频率记录测量结果的另一模式("事件模式")。为了准确监测泥石流的发生,常常还需要研发一些检测算法,这些算法用于切换到"事件模式"的事件检测,通常取决于基于降雨或地面振动的阈值。确定这些阈值的正确定义不仅是监测的一项基本任务,也是执行警告和警报系统的一项基本任务。

近年来,由于极端气候、地震和人类工程活动的影响,我国中低山区泥石流灾害日益严重。这使得中低山区泥石流的危险性越来越受到公众的关注。泥石流的监测预警作为防灾减灾的有效手段之一,得到了国家和地方的日益重视,组织研发了一系列泥石流监测预警设备(见图1.2),建立了普适型监测预警系统并陆续开展应用,在山区城镇和重大工程建设区的减灾工作中发挥了重要作用。同时,在建设过程中,也存在一些需要迫切改进的泥石流监测预警难题。

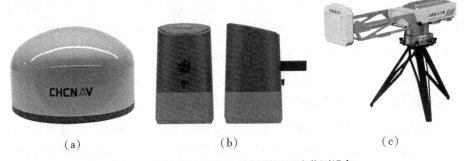

（a）　　　　　　　　　　（b）　　　　　　　　　　（c）

图1.2　国内生产的部分普适型泥石流监测设备

（a）普适型 GNSS 接收机　（b）微功耗多功能监测仪　（c）便携式北斗监测站

江西省位于我国江南山地丘陵区和多雨区,是我国最为严重的暴雨型山体滑坡、崩塌、泥石流地质灾害易发区之一。据原江西省自然资源厅统计资料,截至2020年底,全省登记各类地质灾害18791处(未含不稳定斜坡8166处),包括崩塌4572处、滑坡12149处、泥石流354处、地面塌陷1713处、构造地裂缝3处,受威胁人口约26.801万人。泥石流是江西数量较多、危害严重的地质灾害类型之一。

随着我省社会经济的深入发展,由于工程建设规模增大和山区切坡建房等多重因素,加之气候异常和极端降雨频发,势必造成泥石流地质灾害越发严重。因此,我们在江西省开展降雨型中低山区的监测预警研究,以《地质灾害防治条例》《国务院关于加强地质灾害防治工作的决定》为主要政策依据,通过对江西省典型中低山区泥石流的调查分析,运用数理计算、数值模拟、室内试验等方法计算验证冲沟型泥石流的影响范围,总结出适用于中低山区冲沟型泥石流地质灾害的监测预警技术,为开展地质灾害早期识别提供科学依据;使泥石流地质灾害防治工作更具有针对性与实用性,对于各级政府部门和建设单位的减灾防灾工作具有重要的指导意义。

第二节 技术方案

(1)研究内容

①中低山泥石流预测预警技术集成研究与示范

主要内容包括:在德安县杜家村泥石流地区开展了 30 组堆积土的抗剪强度试验;利用 X 衍射技术对 30 组堆积土进行了化学成分分析,分析其矿物成分;开展了 12 组堆积土三轴实验,分析了基质吸力对堆积土强度的影响;采用 GDS 三轴试验仪,进行了 4 种基质吸力、3 种围压工况下的三轴剪切试验,对非饱和堆积土压应力控制试验加载下的变形破坏情况进行了研究;对 Fredlund 非饱和土强度公式进行了改进,提出了该类型堆积土的强度劣化规律和非饱和强度计算公式。

为研究基质吸力对抗剪强度的相关性,采用四联剪切仪对堆积土进行不同基质吸力和剪切速率条件下的四联直剪试验,研究了不同基质吸力情况下滑坡土抗强度的劣化规律。

②开展泥石流物源区裂隙土体的结构单元定量研究

从矿物颗粒及其集合体之间的排列状况、胶结类型及孔隙特征入手,以单粒(原生矿物)或集粒(矿物集合体)为结构单元,借助 SEM 扫描电子显微镜、固结试验等手段,测定结构单元、微孔隙和胶结连接的微观分布特征,分析它们在变形过程中和变形后的大小、位置、形状等在微观层次上的特征。应用相关理论进行分析,提取工程参数,建立强度、变形破坏等工程问题与结构的定量化关系。主要内容包括:

(a)结构单元的定量化分布特征:借助 SEM 扫描电子显微镜,对显微照片信息进行提取;针对土体复杂结构单元形态,用 PCAS 软件(颗粒裂缝分析系统)从简化的图形中找出能够代表土体微结构的每个结构单元的长轴方向和短轴方向的两个长度量数,应用长轴和短轴之积来近似地代替曲边形的几何面积,进行土颗粒的定向性研究。

(b)结构单元之间、结构单元内部有效孔隙定量化分布特征:利用分维理论对形态上十分不规则的孔隙画出展布图,然后用计算机进行处理,适当将土的孔隙概化成周边较为规则的孔隙,求得孔隙的分维数。

(c)结构单元颗粒粒径大小的确定:对于堆积土结构单元粒径大小的变化特征,予以定量刻画,考虑建立粒径大小与结构、强度等的关系。

(d)结构单元之间、结构单元内部胶结连接定量化分布特征:借助显微镜或扫描电子显微镜,对显微照片信息进行提取,用割补法画出简单几何图形来代表胶结结构单元形态,从简化的图形中找出能够代表土体微结构的每个结构单元的长轴方向和短轴方向的两个长度量数,应用长轴和短轴之积来近似地代替曲边形的几何面积,进行胶结连接的特征研究,确定不同胶结类型的定量描述参数。

③多情景条件下中低山冲沟型泥石流运动参数影响因子研究,多维响应泥石流报警系统技术研究与示范

利用工程地质分析原理,结合资料收集分析、工程测量、综合工程地质测绘、工程勘探(槽探与钻探)、原位试验等多种手段,对九江市修水县卢庄沟泥石流、九江市德安县丰林镇杜家沟泥石流进行了综合勘测方法研究,定量化揭示了中低山冲沟型泥石流的成因机制。

利用降雨物理模拟试验、GDS 试验、四联直剪试验、碎屑流物理模拟试验等综合手段,科学、系统、定量地研究堆积土基质吸力、孔隙水压力、土压力、地形地貌、干摩擦系数、黏滞系数等关键参数对坡体稳定性的影响,揭示了中低山区斜坡失稳的变形破坏模式和形成机理,提出了中低山区冲沟型泥石流关键参数与降雨强度的影响因子。

④基于 GIS 的中低山泥石流过程模拟及监测预警示范

利用 GIS 收集泥石流地形地貌数据,建立 DEM 模型,再利用 RAMMS 软件对典型中低山区泥石流进行了数值分析,改进了泥石流影响范围的预测模型,优化了泥石流 GMD 模型及泥石流评价预测方法。

对修水县卢庄沟泥石流调查数据进行分析与处理,总结该泥石流分布特

征,为建立该泥石流 GMD 模型早期识别提供实际依据。

⑤基于 GIS 的中低山泥石流监测效果技术研究,提出了一个泥石流监测预警管理模式

由于中低山泥石流监测没有国家标准可依,需要在泥石流危险度评价的基础上,提出具有普适性的中低山泥石流监测效果评价技术、方法及参考标准。评价内容包括技术理念、监测效果、发生频率、居民接受性等方面。

根据现场试验查明坡体物质的组成特征、水文地质信息,并结合调查结果及溃决物理模拟试验,利用 RAMMS 软件对泥石流的运动过程进行模拟,确定该泥石流的预警指标,提出冲沟型泥石流的预警方法。

根据以上模型分析结果研发了一套普适型地质灾害监测设备,并由此明确冲沟型泥石流形成区斜坡持续变形的主要因素,进而根据该预警指标的变化特征对广信区郑坊镇西山村炉里组泥石流、遂川县禾源镇严塘滑坡、遂川县高坪镇卷旋村滑坡、上饶县广丰区五都镇紫坞滑坡等地质灾害进行监测预警应用。

根据以上监测预警应用及效果,精心编制中低山泥石流灾害防治技术手册和避险手册,提出了一套适用于中低山泥石流的防治方法和模式。

(2)采取的研究思路和技术路线

本项目以工程科研思想为主线,在充分保留研究对象固有特性的基础上,采用 SEM 电镜扫描技术研究研究区土体裂隙细观结构、非饱和三轴试验测试岩体力学特性、流固耦合理论和非饱和强度理论分析应力应变关系等,开展中低山冲沟型泥石流形成的水—力相互作用及过程模拟研究,并根据泥石流的成因机制,提出了一套适用于中低山泥石流的防治手册。

研究思路表现为:

一是结合已建工程和典型泥石流资料,开展中低山区斜坡土体的工程特性研究,基于 SEM 电镜扫描技术获取的土体细观结构,掌握研究区斜坡土体的地质成因及微观结构,利用分形理论对抗剪强度进行预测;

二是将降雨对中低山区土体边坡失稳的影响归结于强渗透带的裂隙贯通失稳,有针对性地开展深入的岩土试验研究和水动力参数研究,重点围绕斜坡可能的变形破坏机理,查明控制性不良地质界面(软弱结构面)的弹塑性力学参数、干摩擦系数、黏滞系数以及卸荷条件的参数变化,开展非饱和三轴试验和流变试验,总结得到研究区土体力学指标;

三是对潜在不稳定斜坡开展三维激光扫描变形监测工作,获取其坡体地表位移数据;开展地下水水位、孔隙水压力和土质基质吸力的监测,诠释临界变形破坏演化规律,建立中低山区泥石流的形成机制概念模型;

四是基于 FLAC3D 和 RAMMS 数值分析技术,结合非饱和—饱和土渗透理论模型,对冲沟型泥石流开展数值模拟研究,分析总结泥石流运动过程的土体强度劣化—失效规律及堆积土裂隙渐进式演化规律,并由实际工程对比验证标准的正确性。

五是根据研究结果,研发了一套地质灾害监测预警系统,在江西遂川、上饶等地 3 处地质灾害点开展了示范,并总结出一套泥石流防治手册。

研究技术路线:

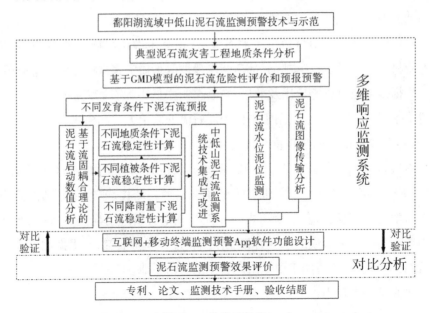

图 1.3　技术路线图

本项目关键技术包括两个方面:多维响应监测预警技术、互联网＋移动终端 App 的可视化监测预警技术。

①多维响应监测预警技术:依据 GMD 模型(地质＋力学分析＋变形耦合),采用全过程分析方法,分析地形地势、地层岩性及地质构造等工程地质条件,提出鄱阳湖流域中低山泥石流的形成机理与动力特征,结合降雨量监测和泥水监测,开发新型多维响应监测预警技术。

②互联网＋移动终端 App 的可视化监测预警技术:依据互联网＋技术,设

计具有移动化、双向互通的手机监测预警 App。

第三节 研究过程

本研究主要在国家自然基金项目和江西省重点研发项目的支持下,成立了项目实施小组,项目负责人甘建军任组长。项目组分为野外调查组、室内试验组、数值模拟组、监测预警组 4 个小组,对任务进行了层层分工,将责任落实到人。

2017 年 7 月—12 月,开展了资料收集、调研取样、制备研究。结合资料分析及现场调研,选择 30 个工点在典型泥石流灾害点进行取样。取样时根据《工程地质试验手册》采用环刀法,取样后按照规范要求进行蜡封密闭以及保湿封存,以备室内模型试验。开展了 3 种基质吸力和 4 种围压力条件下 GDSCTS、GDSBPS 的固结和直剪试验,分析研究区斜坡土体抗剪强度的变化规律。

2018 年 1 月—6 月,开展了中低山区土体细观结构特征研究。借助扫描电镜(SEM)采用冷冻法对斜坡土体切片进行细观扫描,分析斜坡土细观结构特点,确定颗粒间细观接触方式及连接类型。利用 PCAS 软件对扫描图像进行滤波、去噪等预处理,导入 IPP 软件,提取颗粒的圆度、定向性(角度)、椭圆度(丰度)、细观级配、孔隙度等堆积土细观参数,分析了不同固结程度的土体变形与微观结构的影响。对浙江遂昌县苏村碎屑流开展第 1 期三维激光扫描,并开始了监测。

2018 年 7 月—12 月,开展了中低山区土体的工程性质试验研究。在扫描基础上,开展中低山区泥石流堆积体的抗剪强度试验,获取研究区斜坡的岩土力学参数。分析不同基质吸力与强度变形的关系。开展修水县卢庄沟泥石流、德安县紫荆村泥石流的泥位调查与综合勘测,查明典型冲沟型泥石流的工程地质条件。

2019 年 1 月—12 月,建立降雨驱动条件下中低山区泥石流水力作用及动力机制分析模型。在 2013 年开始长期监测的修水县卢庄沟泥石流地质原型及监测数据研究的基础上,建立数值分析模型;借助自主研发的降雨模拟试验和GMD 模型,进行冲沟型泥石流运动过程的关键参数分析,获得斜坡地质体初步的应力和形变场,建立泥石流监测预警模型。随后,根据选取部分监测点开展计算的位移—时间过程与实际位移—时间过程的拟合分析,校正该预测模型。

2019年1月—12月,研发基于GMD模型的普适型地质灾害监测设备。基于上述模型和理论,研发了南工地智云DZYRTU-01地灾监测终端,可支持多种监测传感器,如表面位移、水位、雨量、倾角、激光位移、土壤含水率等多种传感器采集,并可定制扩展,具备自主采集上报、实时预警分析判断、预警声光及图像联动控制、报警及传输等智能值守功能。该系统采用一体式结构设计,可实现传感器、监测终端、光伏供电系统、报警联动等一体化,实时监测和采集,可广泛适用于地质灾害各种监测点监测,如崩塌、滑坡、泥石流、位移、土壤含水率、地声、孔隙水渗压雨量、地表水位等监测。

2020年1—12月,研发基于GMD模型的监测预警系统,该系统包括远程终端、监测设备和移动终端(南工地智云地质灾害监测小程序DZY01),并应用于遂川县禾源镇严塘滑坡、遂川县高坪镇卷旋村滑坡、上饶市广丰区五都镇紫坞滑坡3个地质灾害点监测,2020年6月—8月成功预警5次。

综上,本研究基本按照原计划执行,主要做了以下工作:

①开展了中低山区冲沟型泥石流岩土体的工程特性研究:开展了中低山区冲沟型泥石流的GDS固结试验、直剪试验和三轴剪切试验研究,分析了中低山区冲沟型泥石流的固结特性、直剪强度和三轴剪切强度,总结了中低山区冲沟型泥石流的有效黏聚力c'和有效内摩擦角φ',建立了典型中低山区冲沟型泥石流基于基质吸力的抗剪强度预测模型。

②开展了中低山区冲沟型泥石流裂隙土体的结构单元定量研究:从矿物颗粒及其集合体之间的排列状况、胶结类型及孔隙特征入手,以单粒(原生矿物)或集粒(矿物集合体)为结构单元,借助SEM扫描技术和PSCA软件等手段,测定堆积土的微观结构单元、微孔隙和胶结连接的微观分布特征,分析它们在变形过程中和变形后的大小、位置、形状等在微观层次上的特征。应用相关理论进行分析,提取了工程参数,建立强度、变形破坏等工程问题与结构的定量化关系。

③开展了基于GMD模型的中低山区滑坡变形监测数据分析:基于地质信息和力学机理分析建立中低山冲沟型泥石流的影响范围预测方法,即利用Flac3D和RAMMS数值技术,结合非饱和—饱和土渗透理论模型,对典型冲沟

型泥石流开展数值模拟研究,分析总结冲沟型泥石流破坏过程土体强度劣化—失效规律及下垫面裂隙渐进式演化规律,并由实际工程对比验证标准的正确性,提出了基于 G(地质)—M(力学机理)—D(变形)的泥石流变形监测判据。

④开展了基于 GMD 模型对降雨条件下灰岩土体滑坡的监测预警应用:依据典型中低山区冲沟型泥石流工程特性及物理模拟获取的数据资料,采用了改进的 Flac3D 数值模拟技术,对典型泥石流进行数值模拟,分析其冲沟型泥石流的变形破坏过程,随后进行坡体稳定性的极限平衡分析,实现对降雨型滑坡进行多目标耦合分析,经过对 GMD 模型及精度的识别,并应用到江西省 3 个泥石流隐患区的监测项目当中。

本研究目标均已完成,主要包括以下几个方面:

1. 对典型冲沟型泥石流岩土体的构成进行了地质分析,定量化揭示了研究区岩土体的成因、工程特性和细观结构组成;

2. 建立了不同工况下非饱和—饱和土体抗剪强度的计算模型;

3. 建立了一套基于 GMD 模型的冲沟型泥石流影响范围预测方法;

4. 研发了一套降雨型滑坡物理模拟试验装置;

5. 研发了一套地质灾害监测预警系统并在 3 个地质灾害点开展应用。

第二章 中低山区泥石流的工程特性研究

第一节 中低山区泥石流的物质组成

泥石流是指由固体物质、水和气组成的流体,其流动性质随水和黏土含量、堆积物大小和分选情况而定,它比细粒流、沉积物转运或洪水更复杂。不同类型的泥石流的工程特性主要决定于其物质组成,特别是泥石流中的颗粒、黏土和水之间的比例及其相互作用,这些复杂的行为吸引了许多学者开展了泥石流的物质组成与形成机制相关的理论研究。自 1980 年以来,泥石流许多模型都是基于其物质组成的实验推导出来的,或者是从泥石流的工程特性试验和连续介质力学的理论考虑中推导出来的。因此,要做好泥石流的监测预警工作,首先要做的是对泥石流的现场调查,并开展泥石流的工程特性研究。

泥石流的物质组成跟其所赋存的地质环境密切相关,特别与所在区域的岩土体类型联系相当紧密,这也是泥石流灾害发生的内在原因。据统计,截至 2020 年,江西省共发生泥石流 420 起,其中岩浆岩、变质岩、碳酸盐岩、碎屑岩、红层碎屑岩、松散土类等岩土体类型中分别发育 160 处、158 处、30 处、58 处、5 处、9 处。这些泥石流灾害发生在中低山区,其中中山、低山分别发育 137 处、129 处,分别占泥石流灾害总数的 32.62%、30.71%。若按固体物质提供方式来分,江西省泥石流主要有四种类型,即沟床侵蚀泥石流(183 处)、坡面侵蚀泥石流(149 处)、滑坡泥石流(62 处)和崩塌泥石流(26 处)。

沟床侵蚀泥石流一般是指洪水在沟床运动时带动沟谷和岸坡的松散、粗糙的岩土体颗粒物质向下运动,形成泥石流。这种类型的泥石流,沟床的松散材料在泥石流的形成和运动中扮演了非常重要的角色,一方面洪水侵蚀岸坡的松散岩土体,直接冲入了泥石流;另一方面洪水侵蚀沟床,冲走了河岸底部的松散物质,导致沟床两岸变得陡峭和不稳定,最终不稳定的松散物源被泥石流侵蚀带入下游河里,成为泥石流的一部分。

坡面侵蚀泥石流,主要是由于连续降雨或极端降雨将坡面松散物质带到沟谷当中,由于洪水的汇聚和冲刷作用,最终连同沟谷的松散物质一起带动流入到下游沟口,甚至冲入到坡前的河谷当中,从而形成泥石流。这里面,起着重要作用的是坡面的松散物源,松散物质的组成是研究泥石流特性的基础。

为此,我们选择修水县卢庄沟黄龙寺泥石流、德安县丰林镇紫荆村杜家沟泥石流分别作为沟床侵蚀泥石流和坡面侵蚀泥石流的代表性泥石流进行了物质组成的分析。

一、修水县卢庄沟黄龙寺泥石流的物质组成

（1）形成区冲淤特征

形成区分布于高程约 850 m 至山顶约 1470 m 分水岭沟段区域,相对高差 620 m,面积约 0.70 km^2,沟谷纵坡陡峻(普遍在 600‰以上)。坡体主要为燕山早期花岗岩,岩石多风化强烈,风化层厚度 2 ~ 5 m。区内沟床相对狭窄,且该沟段区域性抬升剧烈,因此沟道下切较为强烈,沟道均为基岩沟床。这些特点决定了在具备较强的水动力条件时,泥石流下蚀作用通常大于堆积作用,其冲淤特征表现为以冲为主,但在沟道弯曲凹岸也出现了小规模的淤积(见图 2.1a)。

a. 形成区物源

b. 流通区河床侵蚀

c. 堆积区的堆积扇

d. 冲毁的路基

图 2.1　卢庄沟泥石流物质组成及冲淤特征

（2）流通堆积区冲淤特征

流通堆积区分布于沟域高程 850 m 以下至邓坊的沟段，由于其沟道沿平石寺及罗家堆积扇区左侧通过，其右岸受到山体的约束，泥石流流体一般情况下不会漫出沟道与老的堆积扇叠置，且该段沟道平均纵坡仅 141.3‰左右，沟道宽度整体相对较大，这种条件决定了该沟段冲淤特征表现为以淤为主。但在大规模暴雨洪水或稀性泥石流作用下，其冲刷作用将加剧，如 2011 年 6 月 10 日泥石流即对沟床产生了一定的冲刷侵蚀，其最大侵蚀深度 3 m 左右，平均侵蚀深度1.0 m 左右（图 2.1b、c、d）。

（3）泥石流堆积物颗粒特征

项目组对沟道堆积物进行了颗粒级配试验，试验方法是将堆积物表层 0～2.0 m 采集的土样进行现场筛分试验，得出颗粒大小为 <5 mm、5～20 mm、20～50 mm、50～100 mm、100～150 mm、150～200 mm、>200 mm 等粒级的颗粒重量及所占百分比，然后采集部分筛出的粒径 <5 mm 的土样送实验室进行进一步的筛析试验，并结合野外筛分与室内试验的成果，计算求得不同粒级颗粒所占百分比，其结果如表 2.1。

表 2.1 卢庄沟泥石流堆积物颗粒分析结果统计表

样号	取样位置	颗粒分布（单位:mm）										土石比
		砾石						砂粒			粉黏粒	
		>200	200～150	150～100	100～50	50～20	20～5	5～2	2～0.5	0.5～0.25	0.25～0.075	<0.075	
LZGK01	G02	71.1	13.4	6.3	1.6	2.0	2.2	1.2	1.7	0.5	0.0	0.0	2.2∶97.8
LZGK02	G06	74.5	6.0	5.1	3.5	2.8	2.0	2.3	2.8	1.0	0.0	0.0	3.8∶96.2
LZGK03	G08	73.7	11.3	2.8	1.5	1.2	2.2	2.6	2.4	1.8	0.5	0.0	4.7∶95.3
LZGK04	G10	66.3	9.0	7.1	3.6	2.3	1.5	1.7	3.8	2.0	0.5	0.0	6.3∶93.4
LZGK05	G13	62.3	8.8	11.5	4.3	4.2	2.6	1.7	2.3	1.3	1.0	0.0	4.6∶94.7
LZGK06	G14	67.9	6.3	3.0	6.4	3.1	2.5	3.3	3.8	3.2	1.0	0.5	8.5∶91.5
LZGK07	G15	62.3	10.7	6.0	3.5	1.5	2.5	3.7	4.6	2.7	2.0	0.5	9.8∶90.2
LZGK08	G17	67.3	6.3	3.3	2.5	2.5	2.1	3.3	3.6	5.7	2.8	1.0	13.1∶86.9

由表可见，泥石流的颗粒级配关系反映了不同沟段位置的水动力条件和冲淤特征，与野外调查的情况基本相符，主要体现在以下几个方面：

①所有试验成果均反映出其土石比较小，最大值为下游沟口段 LZGK08 中颗粒级配分析的成果，其值为 13.1∶86.9;最小值为上游 LZGK01 中的试验值，

为2.2∶97.8;而绝大部分小于5∶95,土石比偏小,说明上次发生泥石流时水动力条件强大。

②不同沟段试验成果的差异也反映了不同沟段水动力条件的差异和冲淤特征。如 LZGK08 位于主沟沟口处,沟道宽广平缓,有利于泥沙沉积,其土石比较高。同样,主沟中下段 LZGK06、LZGK07 沟谷纵坡总体上较缓,沟谷冲淤特征均表现出以淤为主的特点,其土石比也较高,而沟域罗家以上沟段沟谷纵比降相对较大,且冲淤特征表现为以冲刷为主,因而 LZGK01、LZGK02、LZGK03、LZGK05 等处的土石比均较低。总体上看,当土石比大于5∶95 时,说明冲沟水动力条件相对较差,通常为沟谷宽阔或纵比降较缓的沟段,其冲淤特征表现出以淤为主的特点;而土石比小于5∶95 的沟段往往纵比降较大或沟床狭窄,沟内水流较急,水动力条件更为强大,其冲淤特征常表现出以冲为主的特点。这种规律与上述不同沟段冲淤特征的分析情况是基本吻合的。

二、德安县丰林镇紫荆村杜家沟泥石流的物质组成

(1)清水汇流区冲淤特征

杜家村 1#沟主沟及其各支沟清水区斜坡普遍坡度较大(多在 35°～65°左右),沟谷纵坡较陡(普遍在 515.90‰以上)。近沟岸坡多为早期抬升地带,结构密实,表层覆盖草被、灌木丛等,参与泥石流活动的松散物质较少。区域性地壳运动表现为以强烈抬升为主的运动特征,清水区的冲淤特征应表现为以冲为主。但现场调查表明,这些地段并未表现出显著的冲刷迹象,主要是因为这些沟段位于沟谷上游地区,虽纵比降较大,但汇水面积相对较小,因此,尚未形成强烈冲刷所需的水动力条件。该区沟床大多表现为冲淤平衡的特点(见图2.2a)。

a.形成区物源　　　　　　　　b.流通区河床侵蚀

c.堆积区被破坏的房子　　　　　　　　　　　d.被冲毁的房子

图2.2　杜家沟泥石流物质组成及冲淤特征

(2)形成区冲淤特征

杜家村 1#沟形成区的冲淤特征视不同沟段和主、支沟条件的差异而表现出不同的特点。另外,因降雨量及其分布的不同、沟道内洪水(或泥石流)流量的差异,其冲淤现象也会出现一定的差异。据野外调查,受新构造运动影响,此区沟道(无论主沟还是支沟)下切作用强烈,断面形态上均呈谷中谷,新老谷地均呈"V"字形,沟床相对较窄,一般为 10~60 m,局部地段沟道宽度仅 5 m 左右,平均纵坡降 515.90‰;沟谷两侧岸坡有明显侧蚀迹象,冲刷深度最高可达 5 m,可见此区沟段冲淤特征表现为以冲为主(见图 2.2b)。

(3)堆积区冲淤特征

经勘查分析,杜家村 1#沟近 80 余年没有泥石流活动发生,也没有泥石流堆积区;但受近几年人类工程活动影响,沟口汽修厂、停车场及大桥施工场地堆积了大量填土,严重破坏了原沟道水流的排泄路径。目前,此区沟段冲淤特征表现为以淤为主,并堵塞杜家村东南侧部分沟段(见图 2.2c、图 2.2d)。

(4)泥石流堆积物颗粒特征

本次勘查对杜家村 1#沟沟道堆积物和泥石流堆积区的堆积物取样进行了颗粒分析,共做了 6 组颗粒分析试验,试验结果列于表 2.2。颗粒级配关系反映了不同沟段位置的水动力条件和冲淤特征,这与野外调查的情况基本相符。沟道内土石比均较小,土石比介于 14.4∶85.6~17.7∶82.3,说明杜家村 1#沟纵坡比大,水源丰富,水动力条件强大。正是在强大水动力条件下,细小颗粒(特别是沟道浅部的)大部分被洪水带走,而将粗颗粒物质留于沟道内。沟道内土石比自上游向下游逐渐增大,表明强大的水动力条件促使沿途补给更多的松散物质,泥石流重度增加,其搬(载)运能力增强。

本次取样进行粒径分析的样品仅能代表粒径小于 1 m 左右的范围。从地面调查情况看,主沟沟口人工填入的堆积区分布有较多的巨块石,直径大于 20 cm 的碎石占 4% 左右,砾石直径一般为 0.02 ~ 0.2 m,占 75% 左右;主沟下游早期冲洪积物中几乎没有直径大于 1 m 的巨块石,块石直径一般为 0.5 ~ 1.0 m,占 0.5% 左右。

表 2.2　泥石流堆积物及物源区松散堆积物颗粒分析结果统计表

序号	编号	取样地点	颗粒组成质量百分比(%)				土石比
			粒径大小 d(mm)				
			碎块石	砾石	砂	粉粒、黏粒	
			>20	2 ~ 20	0.075 ~ 2	<0.075	
1	DNY 1	泥石流堆积区	2.2	76.4	13.4	4.3	17.7 : 82.3
2	DNY2	泥石流堆积区	4.1	78.1	10.7	3.8	14.5 : 85.5
3	DNY 3	泥石流堆积区	4.6	78.1	10.8	3.4	14.4 : 85.6
4	DNY 4	主沟下游沟道	5.8	73.2	13.1	4.2	17.3 : 82.7
5	DNY 5	主沟下游沟道	4.4	75.5	12.2	4.1	16.3 : 83.7
6	DNY 6	主沟下游沟道	4.1	77.6	10.2	4.3	16.5 : 83.5

(5)矿物成分

为研究堆积土的强度劣化特征,本次试验采用 DMAX-3C(CuKa,Ni 滤光)选择了 25 个不同地点、不同深度的试样进行了衍射分析,分析了其矿物组成成分。随后,采用激光粒度仪、高倍光学显微镜、环境扫描电镜(SEM)等试验方法对中低山区堆积土的颗粒粒径、微观结构进行分析,试验发现:堆积土试样主要由黏土矿物组成,其中高岭石、伊利石、绿泥石、石英、钾长石、斜长石的含量分别为:5% ~ 24%、19% ~ 33%、5% ~ 16%、24% ~ 54%、1% ~ 11%、1% ~ 5%。从空间上看,堆积土从上到下各矿物成分变化不大,主要以石英、伊利石、高岭石为主,这与堆积土的形成环境有关,说明难溶性的矿物成分石英、伊利石等在长期变形磨蚀作用下堆积形成(图 2.3、图 2.4)。

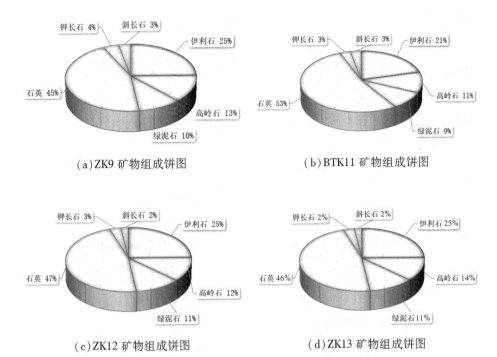

(a)ZK9 矿物组成饼图 (b)BTK11 矿物组成饼图

(c)ZK12 矿物组成饼图 (d)ZK13 矿物组成饼图

图 2.3　杜家沟泥石流堆积土的矿物组成

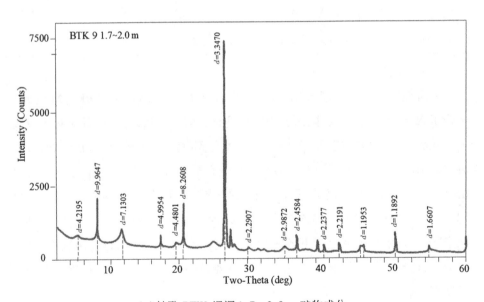

(a)钻孔 BTK9 埋深 1.7~2.0 m 矿物成分

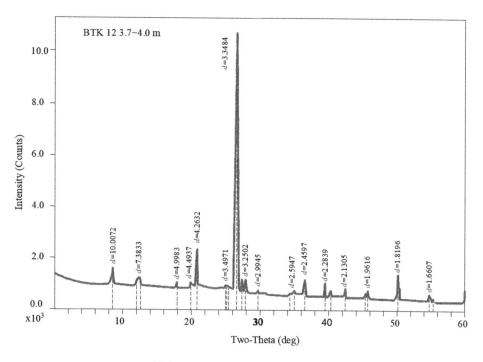

（b）钻孔 BTK12 埋深 3.7～4.0 m 矿物成分

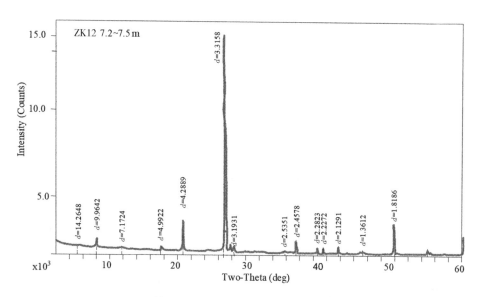

（c）钻孔 ZK12 埋深 7.2～7.5 m 矿物成分

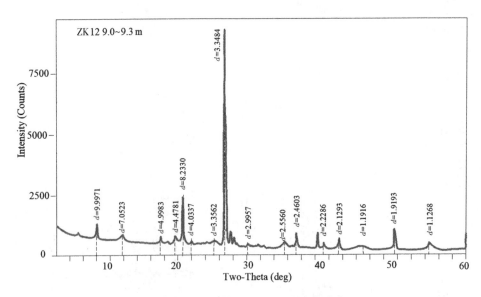

（d）钻孔 ZK12 埋深 9.0～9.3 m 矿物成分

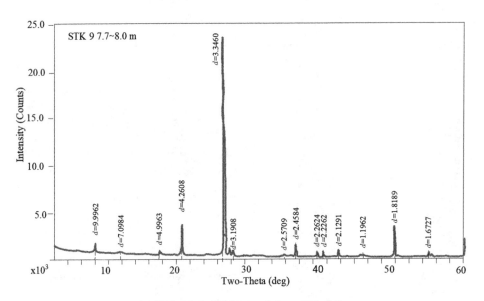

（e）钻孔 STK9 埋深 7.7～8.0 m 矿物成分

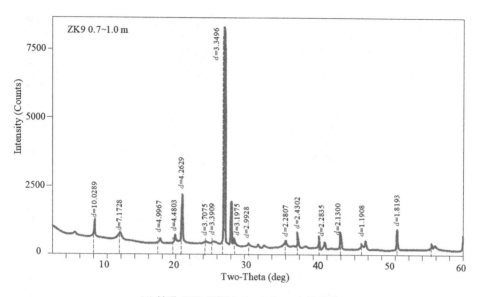

（f）钻孔 ZK9 埋深 0.7 ~ 1.0 m 矿物成分

图 2.4　典型不同埋深堆积土 DMAX-3C（CuKa，Ni 滤光）测试结果

　　斜坡松散土样中因滑动挤压，小于 0.075 mm 的颗粒含量较高，采用颗分方法难以鉴定其具体含量划分。为此，本次研究对于细小粒径采用 BT-9300H 型激光粒度仪对 6 组典型试样颗粒粒径进行分析，堆积土粒径范围主要在 50 μm 以下，含量占 76.05%，其中 10 ~ 50 μm 约占 43.47%，5 ~ 10 μm 约占 13.63%，2 ~ 5 μm 占 12.51%，小于 2 μm 占 6.44%，说明整个堆积土以细颗粒为主，这与中低山区冲沟斜坡堆积土的形成历史相符。

　　斜坡松散土样微观结构中具有较多的黏粒含量，对泥石流的工程特性影响较大，本次研究采用高倍电子显微镜和环境扫描电镜对比观察堆积土微观结构特点，发现土样中微观颗粒磨圆度较好，黏粒的粒径为 2 ~ 50 μm，矿物呈青灰色—浅黄色—黑色，颗粒较为均匀，具有明显的团聚特征（图 2.5）。

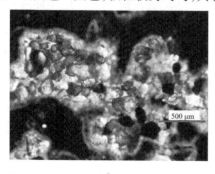

a

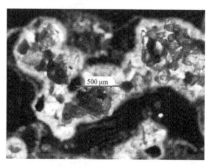

b

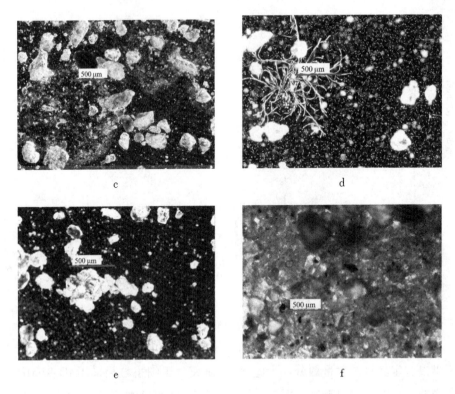

图 2.5　高倍显微镜下杜家沟泥石流颗粒结构特征(500倍)

(a.试样一　b.试样二　c.试样三　d.试样四　e.试样五　f.试样六)

第二节　中低山区泥石流非饱和堆积土的直剪试验

　　堆积土的物理性质指标反映了土体的物理性状,对中低山区典型斜坡饱和堆积土的强度劣化具有重要影响。根据冲沟型泥石流形成区的地质环境和特殊工程地质条件,选择堆积土层较典型的德安县杜家沟泥石流进行室内试验,得出了该泥石流形成区堆积土的容重、天然含水量、孔隙比等基本物理和力学指标。

　　这些常规的力学指标是静态指标,无法反映降雨条件下冲沟型泥石流形成区堆积土的抗剪强度劣化规律和致灾机理。为此,引进 GDS 饱和土反压直剪系统(GDSBPS),通过控制土样内的孔隙水压力与孔隙气压力从而对不同饱和度的土样进行直剪试验。该仪器基于标准直剪试验系统配置并进行了一些修改,修改后系统能够测量孔隙水压力与孔隙气压力的差值。该系统可在计算机控制下进行标准直剪试验和高级非饱和试验。

为研究冲沟型泥石流形成区堆积土层的抗剪强度性质,考虑到冲沟型泥石流形成区堆积土软弱结构的实际工况,拟模拟降雨入渗—饱和—剪切破坏的应力途径,采用固结排水的方法进行实验。

表2.3 典型冲沟型泥石流形成区堆积土基本物理力学指标

野外编号	基本物理性指标										力学性指标			
	含水量	湿密度	干密度	比重	孔隙比	饱和含水量	液性指数	液限	塑限	塑性指数	压缩		凝聚力	内摩角
											压缩系数	压缩模量		
	W	ρ	ρ_d	G_s	e	W_s	I_L	W_L	W_P	I_P	a_v	E_s	c	φ
	%	g/cm³	g/cm³	—	—	%	—	%	%	—	MPa⁻¹	MPa	kPa	°
1	22.9	1.62	1.32	2.75	1.086	39.5	−0.03	43.2	23.5	19.7	0.49	4.26	25.6	15.2
2	19.1	1.51	1.27	2.75	1.169	42.5	−0.12	40.0	21.4	18.6	0.36	6.03	27.4	13.7
3	19.8	1.56	1.30	2.74	1.104	40.3	−0.13	40.2	22.2	18.0	0.43	4.89	24.1	14.3
4	21.0	1.79	1.48	2.75	0.859	31.2	0.01	41.8	20.8	21.0	0.41	4.13	26.5	13.3
5	20.8	1.75	1.45	2.74	0.891	32.5	−0.15	42.0	23.6	18.4	0.53	3.57	14.6	14.6

(1)试验设备

反压直剪系统(GDSBPS)是一套高级测试系统,能通过精确的控制反压来完成直剪试验,用来模拟真实情况下的边坡问题。GDSBPS包括饱和土测试版本(提供控制反压/孔隙水压)和非饱和土测试版本(提供控制反压/孔隙水压和孔隙气压),轴向正应力可以通过悬挂砝码或电机作动器来施加。该系统广泛应用于研究地质灾害防治领域。

该系统采用悬挂砝码加轴向载荷,价格低廉;内置剪切力和法向力荷重传感器;对剪切力/位移及轴力/位移进行闭环控制;在不卸载的情况下可从压力室外部手工调整剪切间隙;刚性铝压力室可以减少系统柔度。

该系统主要由气压室、剪切盒、加载设备、控制设备、测量设备和数据采集系统六部分组成。其中,气压室是一个刚性压力室,它可以维持恒定的气压并且密封性很好。剪切盒就放置在这个密闭的气压室内,试验过程中,系统通过推动与气压室底座相连的下剪切盒来进行剪切试验,而上剪切盒则固定不动。本试验所用剪切盒的大小即为试样大小,在剪切盒的底座上装有只进水不进气的高进气值陶土板。

加载设备主要包括能够施加轴压的垂向砝码、能够施加孔隙气压的空压机和能够控制孔隙水压的反压水压控制器。目标吸力就是通过空压机施加到气压室内的孔隙气压力和反压水压控制器施加到高进气值陶土板上的孔隙水压力而得到的。控制设备主要包括气压控制设备、水压反压控制设备和剪切加载方式的控制设备。

单通道气压控制器可以控制土试样中的孔隙气压,反压水压控制器可以控制反压(即水压),高级控制模块通过水平位移荷载控制器可以控制不同应力、应变下的加载方式(本系统可实现恒定、匀速或三角波加载)。量测设备主要包括能够直接测量剪切力和轴向力的内置荷载传感器、能够测量轴向位移的轴向位移传感器、能够测量土体内水压和气压的孔隙水压传感器和孔隙气压传感器,内置荷载传感器可以通过剪切控制轴上的步进马达来计算剪切位移。

所有的测量设备要想实现数据的自动采集和转化就必须与通道数据采集板和数据转化器相连,所有数据均可以通过计算机里的软件系统来实现数据的实时显示和自动记录。非饱和反压剪切系统中主要仪器设备的量程及精度详见表2.4。从表中可以看出,该系统可以以很高的精度完成几乎所有非饱和岩土体的直剪试验。

表 2.4　GDSBPS 反压试验系统的量程和精度

名称	量程	精度
GDS 反压/水压控制器	200 cc/3 MPa	1 mm^3/1 kPa
水平位移/荷载控制器	±25 mm/5 kN	±0.7 m
单通道气压控制器	0.8 MPa	1 kPa
竖向位移传感器	±15 mm	±0.3 m
孔隙气压力传感器	2 MPa	1 kPa
孔隙水压力传感器	2 MPa	1 kPa

(2)试验方法

饱和试验土样取自江西省德安县杜家沟泥石流形成区的堆积土,土样呈褐黄色,最大干密度为1.48 g/cm^3,平均含水量为20.52%。试验土样直径为39.1 mm,高为80 mm,分5层均匀压实,压实度为0.9,干密度为1.68 g/cm^3。土样用真空饱和器抽气浸水饱和,采用 GDS 非饱和的固结排水抗剪强度进行试验。试验控制净围压分别为100、200、300 kPa,基质吸力分别为0、10、30、50 kPa,共12 个试样。

饱和土直剪试验主要包括等吸力固结、等吸力剪切两个阶段。安装好试样后,通过反压水压控制器和气压控制器来改变试样内的孔隙水压和孔隙气压的大小,从而改变试样的原有吸力,并控制水压和气压不变,使试样中的水压和气压均匀分布,即达到吸力平衡。在试验过程中,对吸力平衡的判别非常重要,它直接影响着试验结果的准确性。根据浙江大学詹良通教授对水气平衡的判定标准,当试样中的孔隙水在一天之内的变化量不大于试样体积的 0.02% 时,即可认为水气已经达到平衡状态。对于本书的非饱和堆积土直剪试验来说,当孔隙水的体积变化速率不大于 35 mm^3/d 时,即可认为试样达到了相应的吸力平衡状态。试验过程中,试样的固结时间超过 24 h 即可认为达到了固结要求。当试样中的吸力达到了平衡状态且固结完成后,试验即可进入剪切阶段。堆积土非饱和土的剪切速率为 0.003 mm/min,剪切位移取 15 mm(见图 2.6)。

(a)浸泡 72 小时的试样,削平　　(b)试样放入,上下放中等透水纸,上部放透水石　　(c)盖好上盖板,卡锁放在 unlock 上,不然剪不动

图 2.6　利用 GDSBPS 开展泥石流形成区堆积土饱和抗剪试验

饱和土体固结排水直剪试验(在剪切前先使试样固结),试验路径分为固结平衡阶段和剪切阶段,剪切过程中允许孔隙水排出,根据试验结果发现,剪切应变达到 12% 左右即可认为具有较大变形。采用应力式直剪仪和应变直剪仪,参照膨胀土的土样制备及装样方法,先风干过筛,按照设计含水量(26.5%、29%、31.5%、34%、36.5%)进行配比后盖膜包裹封闭,避免膨胀破坏。根据连续降雨、暴雨、干燥等不同工况,对试样分别开展浸泡、脱水和干湿循环反复处理,浸泡不同时间段后,开展应力和应变剪切试验,见表 2.5。

表 2.5 饱和土试验方案

序号	编号	法向有效应力/kPa	基质吸力/kPa	时间/min	备注	剪切速率	完成情况
1	GJC20171024 - 01	10	0	20	压密		√
2	GJC20171024 - 01	50	0	72 × 60	固结		√
3	GJC20171024 - 01	50	0	48 × 60	剪切		控制 15 mm
4	GJC20171024 - 02	10	0	20	压密		
5	GJC20171024 - 02	100	0	72 × 60	固结		
6	GJC20171024 - 02	100	0	48 × 60	剪切	0.1	
7	GJC20171024 - 03	10	0	20	压密		
8	GJC20171024 - 03	150	0	72 × 60	固结		
9	GJC20171024 - 03	150	0	48 × 60	剪切		
10	GJC20171024 - 04	10	0	20	压密		
11	GJC20171024 - 04	200	0	72 × 60	固结		
12	GJC20171024 - 04	200	0	48 × 60	剪切		
13	GJC20171024 - 05	10	50	20	压密		
14	GJC20171024 - 05	50	50	24 × 60	固结		
15	GJC20171024 - 05	50	50	16 × 60	剪切		
16	GJC20171024 - 06	10	50	20	压密		
17	GJC20171024 - 06	100	50	24 × 60	固结		
18	GJC20171024 - 06	100	50	16 × 60	剪切	0.3	
19	GJC20171024 - 07	10	50	20	压密		
20	GJC20171024 - 07	150	50	24 × 60	固结		
21	GJC20171024 - 07	150	50	16 × 60	剪切		
22	GJC20171024 - 08	10	50	20	压密		
23	GJC20171024 - 08	200	50	24 × 60	固结		
24	GJC20171024 - 08	200	50	16 × 60	剪切		
25	GJC20171024 - 09	10	100	20	压密		
26	GJC20171024 - 09	50	100	12 × 60	固结		
27	GJC20171024 - 09	50	100	8 × 60	剪切		
28	GJC20171024 - 10	10	100	20	压密		
29	GJC20171024 - 10	100	100	12 × 60	固结		
30	GJC20171024 - 10	100	100	8 × 60	剪切	0.6	
31	GJC20171024 - 11	10	100	20	压密		
32	GJC20171024 - 11	150	100	12 × 60	固结		
33	GJC20171024 - 11	150	100	8 × 60	剪切		
34	GJC20171024 - 12	10	100	20	压密		
35	GJC20171024 - 12	200	100	12 × 60	固结		
36	GJC20171024 - 12	200	100	8 × 60	剪切		

续表2.5

序号	编号	法向有效应力/kPa	基质吸力/kPa	时间/min	备注	剪切速率	完成情况
49	GJC20171024 – 17	10	200	20	压密		
50	GJC20171024 – 17	50	200	8×60	固结		
51	GJC20171024 – 17	50	200	4×60	剪切		
52	GJC20171024 – 18	10	200	20	压密		
53	GJC20171024 – 18	100	200	8×60	固结		
54	GJC20171024 – 18	100	200	4×60	剪切		
55	GJC20171024 – 19	10	200	20	压密	1	
56	GJC20171024 – 19	150	200	8×60	固结		
57	GJC20171024 – 19	150	200	4×60	剪切		
58	GJC20171024 – 20	10	200	20	压密		
59	GJC20171024 – 20	200	200	8×60	固结		
60	GJC20171024 – 20	200	200	4×60	剪切		

（3）结果分析

为研究不同深度的泥石流堆积体物理力学指标之间的相关性,试验结果采用最小二乘法对堆积土的含水量、孔隙比、重度、内摩擦角等进行相关性分析,发现:含水量越高,孔隙比越大,内摩擦角越小,重度越小;含水量和孔隙比愈大,压缩系数愈大。其量化关系见表2.6,各变量相关系数均大于0.95,属于高度相关。

表2.6 泥石流形成区堆积土物理力学指标相关性分析表

x	y	相关性公式	R^2
含水量	孔隙比	$y = 0.026x + 0.040$	0.993
含水量	重度	$y = -0.080x + 21.12$	0.953
重度	孔隙比	$y = 0.321x + 6.875$	0.978
含水量	内摩擦角	$y = -0.166x + 10.30$	0.951
含水量	压缩系数	$y = 0.004x + 0.099$	0.989
孔隙比	压缩系数	$y = 0.153x + 0.094$	0.975

综上,泥石流形成区堆积土物理力学性质较差,且与埋藏深度、形成条件等因素密切相关,其中土的颗粒大小与形成历史、含水量与埋藏深度密切相关,对堆积土的塑性指数、压缩系数、重度、渗透系数、内摩擦角有较大影响。不同深度下物理力学参数与埋藏深度、形成的土体沉积历史存在线性相关,应对不同

深度、不同颗粒的沉积形态分开研究。在天然情况下，堆积土随着深度的变化而呈交错变化；在固结受压或开挖作用下，堆积土的颗粒凝聚状态及承载能力可能沿深度发生变化。

第三节　基质吸力对非饱和堆积土抗剪强度影响试验研究

1.试验目的

通过进行不同基质吸力和剪切速率条件下的四联直剪试验，模拟不同降雨强度下泥石流形成区斜坡变形的剪切破坏和加速蠕变过程，可以得知基质吸力对非饱和土黏聚力 c 和内摩擦角 φ 的影响。

2.试验对象

本次试验的材料是江西省德安县丰林镇杜家村杜家沟泥石流形成区斜坡DJKJ-10 工程 2#测段，进尺 0.9～1.2 m 的非饱和堆积土。相关物理力学指标如下：含水率为 19.77%，干密度为 1.6 g/mm³，天然黏聚力 c 为 9.11 kPa，天然内摩擦角 φ 为 17.22°。

3.试验方案

（1）试验标准：

①GB 15406—94《土工仪器的基本参数及通用技术条件》；

②GB/T 50123—1999《土工试验方法标准》；

③SL237—1999《土工试验规程》。

（2）试验方法：利用四联非饱和土直剪仪对德安县丰林镇杜家村杜家沟泥石流 DJKJ-10 工程 2#测段，进尺 0.9～1.2 m 的非饱和堆积土进行固结排水剪切试验，具体方案见表 2.7。

非饱和土直剪仪由剪切盒、压力室、轴压加载装置、水平加载装置、压力控制表、500 kPa 陶土板、数据采集系统等组成。根据基质吸力等于孔隙气压力和孔隙水压力的差值，试验过程中基质吸力通过孔隙气压力来控制，孔隙水压力约等于零，按零计算。试样的初始状态相同，制样时的初始含水率为 19.77%，干密度为 1.6 g/mm³。试验过程包括制样、饱和试样、安装试样、吸力平衡、固结、剪切，其中制样和饱和试样在仪器外完成，安装试样、吸力平衡、固结、剪切在非饱和土直剪仪(见图2.7)上完成。

表2.7　试验方案

加载方式	实验模拟	基质吸力 (kPa)	剪切速率 (mm/min)	法向应力 (kPa)	组号
剪切破坏(应 变式加载)	固结快剪	0(饱和状态下)	0.1	50,100,150,200	J-1
		50	0.1	50,100,150,200	J-2
		100	0.1	50,100,150,200	J-3
		150	0.1	50,100,150,200	J-4
		200	0.1	50,100,150,200	J-5
加速蠕变(应 变式加载)	慢剪	100	0.01	50,100,150,200	R-6
	固结快剪	100	0.1	50,100,150,200	R-7
		100	0.5	50,100,150,200	R-8

图2.7　非饱和土直剪仪

(3)试验步骤

①试样的制备:试验采用土样为江西省德安县丰林镇紫荆村滑坡 DJKJ-10 工程 2#测段的非饱和堆积土,取样深度为 0.9 ~ 1.2 m。土的主要物理力学指标如下:含水率为 19.77%,干密度为 1.6 g/mm³,天然黏聚力 c 为 9.11 kPa,天然内摩擦角 φ 为 17.22°。用标准环刀对土样进行切割,一次制备四组试样。为保证含水率,应对制备试样进行适当密封处理。

②饱和陶土板:试样安装前需要进行陶土板饱和,可以将装有陶土板的剪

切盒拆下来,进行抽气饱和,两天后再用苏打水浸泡 48 h。

③安装试样:陶土板饱和结束后,将四组试样分别压入剪切盒中(注:此过程应保持剪切盒固定销为拧紧状态;为了让土样能够良好地接触到陶土板,陶土板与试样之间不能放滤纸),安装完成后,拧下剪切盒固定销。

④固结:按照表 2.7 的方案先进行固结。以基质吸力 50 kPa 为例,通过叠加砝码对各联各施加 50 kPa、100 kPa、150 kPa、200 kPa 的法向应力;同时,通过气泵施加 50 kPa 气压来保证基质吸力。慢剪试验固结稳定的标准:每小时不大于 0.005 mm(施加垂直压力后每小时测读垂直变形一次,直至试样固结变形稳定)。快剪试验固结稳定的标准:变形的稳定标准为每两小时的变形量不超过 0.01 mm;排水的稳定标准为每两小时的排水量不超过 0.012 mm³;排水及轴向位移都稳定表示固结完成。其他吸力条件下操作相同。

⑤剪切:待四组试样均固结稳定后,拧下剪切手轮处的固定销,开始剪切试验。各种剪切试验的剪切速率可参见表 2.5。剪切位移一般达到 6~7 mm 时试样受损。

(4)试验数据处理

①以不同吸力下的剪应力为纵坐标,剪切位移为横坐标,绘制相应的剪应力—剪切位移关系曲线;

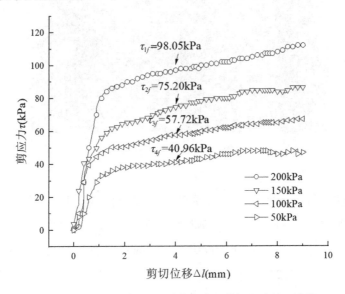

图 2.8　J-1(0 kPa 基质吸力)剪应力—剪切位移关系曲线

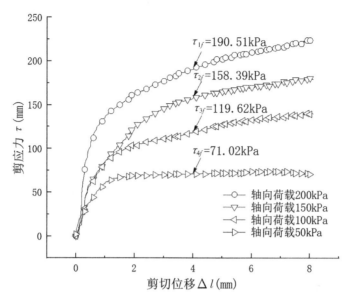

图 2.9　J-2(50 kPa 基质吸力)剪应力—剪切位移关系曲线

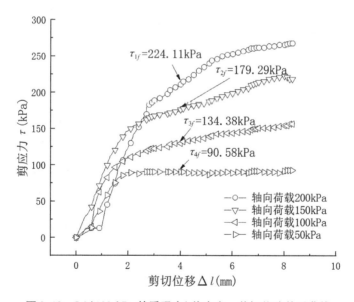

图 2.10　J-3(100 kPa 基质吸力)剪应力—剪切位移关系曲线

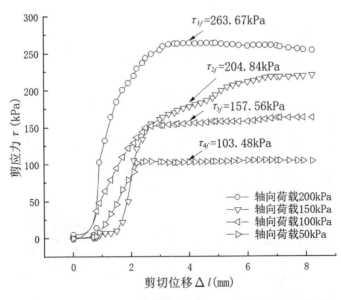

图 2.11　J-4(150 kPa 基质吸力)剪应力—剪切位移关系曲线

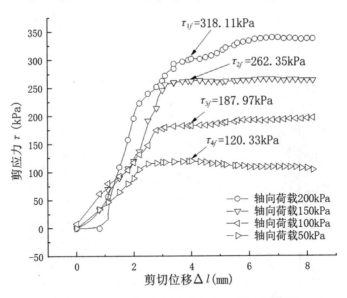

图 2.12　J-5(200 kPa 基质吸力)剪应力—剪切位移关系曲线

②根据 SL237—1999《土工试验规程》的要求,选取剪应力τ与剪切位移 Δl 关系曲线上的峰值点或稳定值作为抗剪强度τ_f,如无明显峰值点,则取剪切位移 为 4 mm 对应的剪应力作为抗剪强度τ_f;

③以抗剪强度τ_f为纵坐标,垂直压力(即法向力)为横坐标,绘制抗剪强度τ_f与轴向荷载p的关系曲线。根据图上各点绘一条视测的直线,直线的倾角为土的内摩擦角φ,直线在纵坐标轴上的截距为土的黏聚力c;

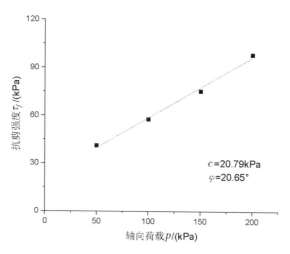

图2.13　J-1(0 kPa 基质吸力)$\tau_f - p$ 图

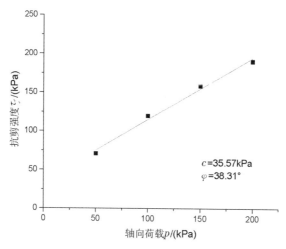

图2.14　J-2(50 kPa 基质吸力)$\tau_f - p$ 图

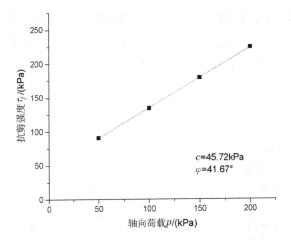

图 2.15　J-3(100 kPa 基质吸力)$\tau_f - p$ 图

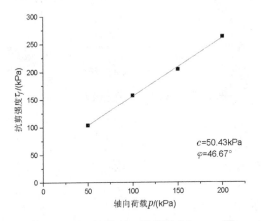

图 2.16　J-4(150 kPa 基质吸力)$\tau_f - p$ 图

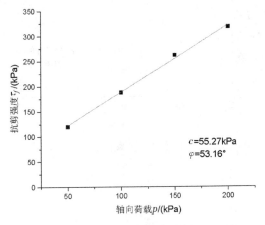

图 2.17　J-5(200 kPa 基质吸力)$\tau_f - p$ 图

④以基质吸力为横坐标,总黏聚力为纵坐标作图,从而得到总黏聚力随基质吸力的变化规律;

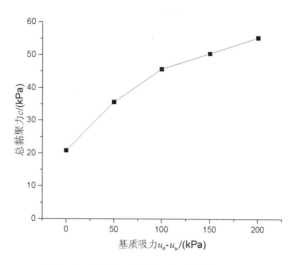

图 2.18　总黏聚力与基质吸力变化关系图

⑤以基质吸力为横坐标,内摩擦角为纵坐标作图,从而得到内摩擦角随基质吸力的变化规律;

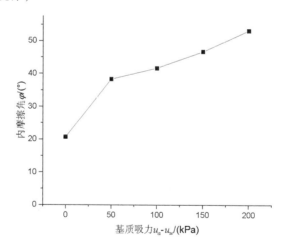

图 2.19　内摩擦角与基质吸力变化关系图

(5)结论

①针对江西省德安县丰林镇杜家沟泥石流治理工程 2#测段,进尺 0.9 ~ 1.2 m 的非饱和堆积土,根据图 2.8—2.12 剪应力与剪切位移的关系曲线可知,土样破坏时的剪应力随吸力值的增大而增大;

②针对本次泥石流治理工程堆积土试样,在同一基质吸力条件下,抗剪强度随轴向荷载的增大而增大,且保持平稳线性增长的趋势。

③根据图 2.13 至图 2.17 抗剪强度与轴向荷载的关系曲线,综合可得图 2.18、图 2.19 及表 2.8 的情况。

表 2.8 不同基质吸力条件下的 c、φ

编号	基质吸力($u_a - u_w$)/kPa	总黏聚力 c/kPa	内摩擦角 φ/(°)
1	0	20.79	20.65
2	50	35.57	38.31
3	100	45.72	41.67
4	150	50.43	46.67
5	200	55.27	53.16

由表可知,针对本次泥石流治理工程堆积土试样,随着吸力值的增大,其总黏聚力与内摩擦角均呈现增大趋势。对于总黏聚力来说,当基质吸力≤100 kPa 时,随着吸力值的增大,总黏聚力增长曲线斜率较大,增长速率较快;当基质吸力 >100 kPa 时,随着吸力值的增大,总黏聚力增长曲线斜率放缓,增长速率减慢,但总体处于平稳增长的态势。对于内摩擦角来说,当基质吸力≤50 kPa 时,随着吸力值的增大,内摩擦角增长曲线斜率较大,增长速率较快;当基质吸力 >50 kPa 时,随着吸力值的增大,内摩擦角增长曲线斜率放缓,增长速率减慢。

第四节 冲沟型泥石流形成区非饱和堆积土三轴试验研究

对于冲沟型泥石流形成区非饱和堆积土的强度研究,以往许多学者多采用直剪试验、常规三轴试验来分析形成区斜坡土体的力学特性。但由于直剪试验和三轴试验剪切面是固定的,而且很难考虑到基质吸力的影响,对于雨水充沛的南方地区泥石流堆积体的强度、变形及稳定性评价而言,加强基质吸力对泥石流形成区堆积土强度之间的相关性研究尤显重要。利用 GDS 三轴剪切试验可从设定不同围压来模拟不同深度、不同吸力对泥石流堆积土的受力环境,此方法已经成为研究非饱和土强度及变形的重要手段。

GDS 三轴试验可以设定基质吸力及应力路径以符合现实工况,可以更好地研究非饱和堆积土的强度问题。目前,国内外对黄土、红黏土、黏土等非饱和土强度的研究较多,研究内容主要集中于变基质吸力或变围压作用下的抗剪强度研究方面,但在降雨入渗对泥石流形成区松散堆积土的剪切强度方面的研究比较少见。本书利用STDTAS-HKUST试验系统,设置变基质吸力和变围压,对杜家沟泥石流形成区土体强度开展了研究,获取不同降雨入渗工况下的斜坡体力学参数,分析松散堆积土的抗剪强度与基质吸力的相关性。

一、非饱和土强度理论

一些学者认为颗粒结构和吸力对孔隙气压力的变化具有重要影响,认为非饱和土体颗粒孔隙中存在孔隙气压力 u_a 和负孔隙水压 u_w,它们可能存在一定的差值,即基质吸力 $(u_a - u_w)$,它可以使土颗粒之间的有效应力不是由颗粒骨架的粒间压力单独承担。他们认为饱和土的强度理论不再适用于降雨入渗工况下的软弱夹层。为此,许多学者针对软弱夹层的强度问题,充分考虑基质吸力的影响,提出了一些非饱和土的强度理论和计算公式。

具有代表性的是 Bishop 通过试验提出的非饱和土有效应力强度理论公式(式2.1),该公式引入有效应力参数来反映抗剪强度与基质吸力的相关性。这个公式适用于饱和度 $S_t > 20\%$、粉土含量 $> 40\% \sim 50\%$、黏土含量 $> 85\%$ 的土,因此,这个理论中的有效应力参数不是一个独立的参数,而是一个与土体性质、饱和度密切相关的参数,用来讨论松散堆积土的强度具有不确定性。

$$\tau_f = c' + [\sigma - u_a] + \chi(u_a - u_w)\tan\varphi' = c' + (\sigma - u_a)\tan\varphi'$$
$$+ \chi(u_a - u_w)\tan\varphi' \tag{2.1}$$

式中:τ_f 是非饱和土的抗剪强度,c' 是饱和土有效黏聚力,u_a 是非饱和土的孔隙气压力,χ 是有效应力参数,u_w 是非饱和土的孔隙水压力,φ' 是饱和土的有效内摩擦角,$(u_a - u_w)$ 为基质吸力,$(\sigma - u_a)$ 为净法向应力。由于 Bishop 强度理论未能反映基质吸力对黏聚力、内摩擦角的影响,难以用来准确计算分析软弱夹层中非饱和松散堆积土的抗剪强度。

应用得比较广泛的是 Barden 和 Fredlund 利用基质吸力来考虑非饱和土孔隙气压的影响,假设土粒为固体,不能压缩,颗粒之间的受力由孔隙气压和基质吸力引起的表面张力组成,即存在如下计算公式:

$$\tau = c' + (\sigma - u_a)\tan\varphi' + (u_a - u_w)\tan\varphi^b \tag{2.2}$$

式中:φ^b 为基质吸力相关角,其他符号代表意义同式(2.1)。此公式反映非饱和土的抗剪强度是由 c'、$(\sigma - u_a)$ 产生的强度与 $(u_a - u_w)$ 三个微观力共同引起的,其中土的结构变化由净法向应力控制,而土的饱和度由基质吸力控制,这两个应力可以通过控制吸力的三轴试验来测试。$\tan \varphi'$ 就是偏应力 $(\sigma_1 - \sigma_3)$ 与净围压 $(\sigma - u_a)$ 关系曲线的斜率,$\tan \varphi^b$ 即为基质吸力 $(u_a - u_w)$ 与抗剪强度关系曲线的斜率。

为此,通常利用变基质吸力和变围压的 GDS 三轴试验,分别绘制出偏应力与净围压、基质吸力与抗剪强度的关系曲线,计算分析出以上两个关系曲线的斜率,最后通过 Fredlund 理论公式可以计算出研究区松散堆积土的非饱和土抗剪强度。

二、堆积土取样与实验设计

(1)试验土样

德安县杜家村泥石流在 14 个钻孔中都可见到松散堆积土。考虑到泥石流形成区斜坡上部、下部的松散堆积土在取样过程中受到扰动程度比较大的特点,利用环刀法在扰动较少的②-2 地层土样中部开展物理力学性质室内试验,结果见表 2.9。

表 2.9 某不稳定斜坡粉质黏土主要物性指标

含水率 %	湿密度 (g/cm³)	干密度 (g/cm³)	孔隙比 e	塑限 W_P/%	液限 W_L/%	黏聚力 c/kPa	内摩擦角 φ(°)	压缩模量 E_s/MPa
25.3	1.98	1.82	0.79	22.3	37.9	24.3	26.9	12.6

试验所用非饱和堆积土试样为直径 38 mm、高度 76 mm 的圆柱体,扰动土分 5 层连续用同一击数击实,每击实完一层,在衔接处用小刀划痕后堆土击实,防止分层现象,击实度以 0.9 的压实度和 1.82 g/cm³ 的干密度作为试样质量控制指标。土样用真空饱和器抽气排空,放入密封桶水饱和 24 h,结合滑坡临空面排水畅通的工况,选择固结排水抗剪试验(CD)。试验控制净围压分别为 100 kPa、200 kPa、300 kPa,基质吸力分别为 0 kPa(非饱和土的特殊工况)、30 kPa、60 kPa、90 kPa,共 12 个试样。

(2)试验仪器

本次试验采用可以全自动控制的 STDTAS-HKUST 三轴试验系统装置。该装置主要组成部件有 1 个 Bishop-Wesley 压力室、3 个 GDS 压力/体积自控控制器和 1 个 GDSLAB 控制软件。该设备在常规三轴试验装置的基础上进行了如下的改进和创新:增加了压力室底座的液压控制锤,可以对轴向应力进行自动控制,从而模拟标准应力途径下的轴向应变与抗剪强度的变化规律;通过 3 个压力/体积自动控制器来调节孔隙气压和反压实现变基质吸力和变围压,从而模拟不同应力途径、低频循环等不同条件的强度劣化规律;运用 GDSLAB 软件,可以在电脑终端上自动设置基质吸力条件,全过程自动记录实验产生的轴向应变、最大剪应力、剪应变及偏应力等重要参数,有利于实验过程的现场分析。

STDTAS-HKUST 三轴试验的三轴压力室可用最大直径 50 mm、高 76 mm 的标准试样进行测试,最大承受的轴向荷载可达 2000 kPa。该装置设有 3 个压力/体积自动控制器,并分别与电脑终端的控制软件(GDSLAB)连接,最大加压可达到 4 MPa;GDSLAB 控制软件可在电脑上设置饱和固结、标准三轴、标准应力途径及其他应力路径、非饱和土三轴剪切、k_0 固结及渗透等多种实验。为模拟不同受荷工况的实际条件,本书采用标准应力途径下的等应变速率固结排水条件进行三轴剪切试验。

三、试验方案

试验先进行固结平衡,按照表 2.10 的试验方案施加围压,并按照方案变化孔隙气压及水压,使之达到变基质吸力和变围压的试验要求。为让堆积土在固结中的压力和孔隙气压及时消散,试样固结试验完成时间设为 72 h。固结完成后,开始剪切试验,先按照表 2.10 的要求严格控制好孔隙气压、孔隙水压、轴压等参数,依据该滑坡降雨入渗滞后时间较长、排水路径较长、变形速率较慢的实际,将剪切速率取 0.005 mm/min。具体试验方案见表 2.10。

表 2.10　研究区粉质黏土试验方案

加载方式	过程模拟	基质吸力 /kPa	围压 /kPa	净围压 /kPa	组号
剪切破坏(应 力控制式)	固结排水 剪(CD)	0	100、200、300	100、200、300	S-1
		30	130、230、330	100、200、300	S-2
		60	260、360、460	100、200、300	S-3
		90	390、490、590	100、200、300	S-4

以 S-2 组为例,该堆积土基质吸力($u_a - u_w$)设为 30 kPa,净围压($\sigma - u_a$)分别设为 100 kPa、200 kPa、300 kPa,由于是排水剪,设置孔隙气压力 u_a 为 0 kPa,

孔隙水压力 u_w 为 -30 kPa,通过自动控制器和 GDSLAB 控制软件分别对土样施加 100 kPa、200 kPa、300 kPa 法向应力来开展试验。该试验以每两小时的变形量 ≤ 0.01 mm 为稳定标准;排水的稳定标准为,每两小时的排水量不超过 0.012 mm^3;排水及轴向位移都稳定表示固结完成。其他吸力条件下操作与 S-2 组相同。

四、试验结果分析

(1)变围压条件的抗剪强度分析

图 2.20 所示基质吸力为定值时,变轴压 σ_1 条件下松散堆积土的应力—应变关系曲线,其中图 2.20(a)—图 2.20(d)的基质吸力分别为 0 kPa、30 kPa、60 kPa、90 kPa 时在变净围压条件下(100 kPa、200 kPa、300 kPa),分别作出的应力—应变关系曲线。从图 2.20 中可以看出,当基质吸力为定值时,净围压随着抗剪强度增加而递增。泥石流堆积土应力—应变关系曲线在初始变形阶段斜率较大,说明其在刚开始变形时强度增大较快。当应变超过 10% 以后,抗剪强度缓慢增长,

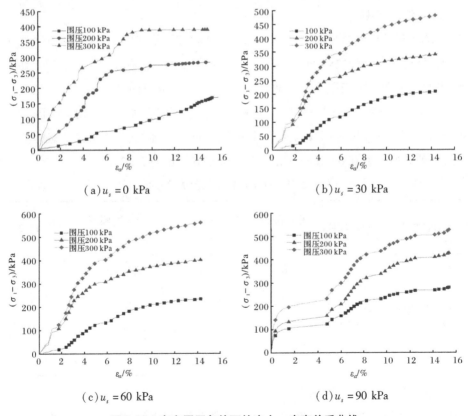

(a)$u_s = 0$ kPa

(b)$u_s = 30$ kPa

(c)$u_s = 60$ kPa

(d)$u_s = 90$ kPa

图 2.20　变净围压条件下的应力—应变关系曲线

速度减缓,土体在一定的强度作用下持续发生变形。在低基质吸力条件下,该堆积土具有蠕变特征,而在高基质吸力条件下,堆积土具有一定的硬化特征。

(2)变吸力条件下的抗剪强度

通过 GDS 三轴剪切试验,比较分析相同围压的抗剪强度,验证相同围压作用下不同基质吸力的应力—应变关系。试验结果如图 2.21 所示。相同取样深度、相同饱和度、相同孔隙比的土样,在其受到相同净围压试验过程中,剪切强度与吸力呈正相关性,即抗剪强度/偏应力($\sigma_1 - \sigma_3$)随着基质吸力的增大而递增。

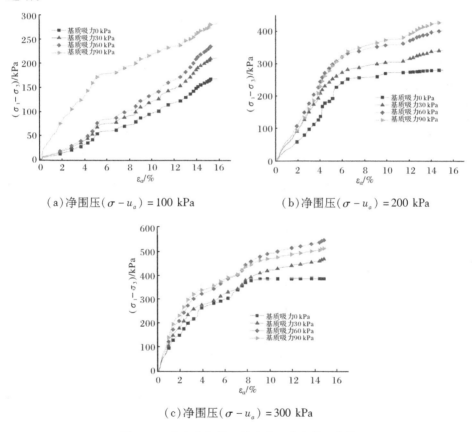

（a）净围压$(\sigma - u_a) = 100$ kPa

（b）净围压$(\sigma - u_a) = 200$ kPa

（c）净围压$(\sigma - u_a) = 300$ kPa

图 2.21　变吸力条件下的应力—应变关系曲线

图 2.21 所示,在恒定净围压和变基质吸力条件下,堆积土的抗剪强度与基质吸力呈正相关。在基质吸力饱和条件下($u_a = 0$ kPa),抗剪强度一般为最低,说明降雨入渗后到堆积土饱水工况时,堆积土强度迅速降低,当滑体下滑力超过堆积土的抗剪强度时,斜坡发生变形破坏。图 2.21(a)所示为低围压($\sigma - u_a$

=100 kPa)应力—应变关系曲线,由图可知,在 3 种不同围压时均表现出加工硬化型,即随着轴向应变 ε_a 增加堆积土的抗剪强度有所增大,表明低围压固结后非饱和堆积土无论基质吸力如何,其 CD 剪切强度与饱和堆积土类似,表现为加工硬化型。在低围压条件下,堆积土应力硬化现象较为明显,且基质吸力越小,应力硬化越接近直线型。

图 2.21(b)、图 2.21(c)为高围压条件下($\sigma - u_a > 100$ kPa),应力—应变关系曲线接近于加工软化型,关系曲线前段近似斜直线,后段趋于水平线,表明当剪应变达到一定阶段后,抗剪强度增长缓慢,随之出现塑性变形现象,同时也反映了堆积土出现塑性变形的剪应力随着吸力的增大而递增。当土体饱和后,曲线在后段甚至有向下弯曲的现象,表现为加工软化型,说明土体在饱和后或接近饱和时,堆积土抗剪强度随着垂直应变 ε_a 的增长而减小,即滑面已经贯通,抗剪强度随之减弱。

(3)Fredlund 非饱和土强度理论分析

参照水利行业的《土工试验规程》(SL237—1999)中有关常规三轴试验抗剪强度取值的相关规定,若以应变 $\varepsilon \leqslant 15\%$ 时的应力差($\sigma_1 - \sigma_3$)的峰值作为破坏点,选取其作为最大主应力 $\sigma_{1\max}$,则可得到如表 2.11 所示的三轴试验应力参数。

表 2.11　泥石流堆积土三轴试验应力参数(单位:kPa)

样号	u_a	σ_3	$\sigma_3 - u_a$	$\sigma_{1\max}$	$\sigma_{1\max} - u_a$
S1－01	0	100	100	269.34	269.34
S1－02	0	200	200	482.48	482.48
S1－03	0	300	300	794.27	794.27
S2－01	30	130	100	341.94	311.94
S2－02	30	230	200	573.81	343.81
S2－03	30	330	300	814.38	784.38
S3－01	60	160	100	397.09	337.09
S3－02	60	260	200	663.78	603.78
S3－03	60	360	300	936.41	876.41
S4－01	90	190	100	472.56	382.56
S4－02	90	290	200	720.55	630.55
S4－03	90	390	300	919.83	829.83

根据表 2.11 中得到的 GDS 三轴剪切试验的应力参数,把净法向应力($\sigma - u_a$)作为横坐标,把抗剪强度作为纵坐标,绘制出 4 种不同基质吸力、3 种不同净围压作用下的抗剪强度包络线(见图 2.22),通过强度包络曲线可以求得各基质吸力条件下,堆积土的总内摩擦角 φ 和总黏聚力 c。

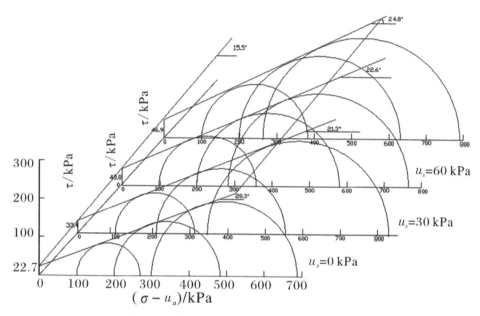

图 2.22　基质吸力不同的摩尔库仑破坏包络线

从图 2.22 可以看出,在基质吸力为 0 kPa、30 kPa、60 kPa 和 90 kPa 时,其内摩擦角 φ 分别为 20.3°、21.3°、22.6° 和 24.8°。其中,图 2.22 为饱和工况下的破坏包络线,包络线的倾角即为饱和有效内摩擦角 $\varphi' = 20.3°$,而饱和有效黏聚力就是 y 轴上的截距,即 $c' = 22.7$ kPa。

考虑到非饱和土双应力变量公式(2.2),再绘制出净围压($\sigma - u_a$)与总黏聚力的关系曲线(即破坏包络线),如图 2.23 所示拟合曲线。对该曲线开展拟合分析,其斜率即为 $\tan \varphi^b$。利用反正切函数可求得 $\varphi^b = 15.5°$,因此,得到泥石流堆积土的固结排水抗剪强度计算公式:

$$\tau_f = 22.7 + (\sigma - u_a)\tan 20.3° + (u_a - u_w)\tan 15.5° \qquad (2.3)$$

综上所述,在不同围压条件下,堆积土的应变与应力具有正相关性,抗剪强度会随着围压增大而递增;当围压较低时,该滑坡堆积土的应力—应变关系曲线呈加工硬化型,但围压增大到一定值后,应力—应变关系曲线由稳定值型向加工软化型转变。变吸力条件下,低吸力时应力—应变关系曲线为加工软化型,

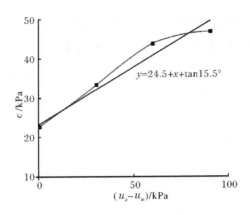

图 2.23 变吸力总黏聚力破坏包络线

即应力增加到一定时间后很少增加,但应变一直在增大,说明已经发生剪切破坏;高吸力条件下,应力—应变关系曲线为稳定值型或加工硬化型,说明当基质吸力一定时,堆积土受剪切变形过程经历快速剪切变形和缓慢剪切变形两个阶段。反映三轴试验过程中,土体颗粒孔隙被挤压,空隙减小,压力越大,颗粒骨架之间的表面张力起到主导作用,阻止变形的力越大。

五、结论

本研究采用 GDS 三轴试验方法,对非饱和松散堆积土在复杂应力条件下的强度特性及理论进行了分析,得出以下结论:

(1)某泥石流堆积土在等加载速率和变围压条件下,堆积土三轴剪切的应力—应变关系有所不同,在 100 kPa 作用下松散堆积土应力—应变关系曲线表现为加工软化型;在 200 kPa 作用下松散堆积土应力—应变关系曲线趋于稳定值型;在 300 kPa 作用下其表现为加工硬化型。

(2)非饱和堆积土在等加载速率条件和变吸力条件下,在低吸力时,堆积土应力—应变关系曲线表现为加工软化型;而在中高吸力时,表现为由稳定值型向加工硬化型转变,表明降雨入渗使堆积土吸力发生变化,会对其抗剪强度产生重要影响。

(3)通过 Fredlund 抗剪强度理论分析表明,该堆积土基质吸力为 0 kPa ~ 90 kPa 时,其内摩擦角为 20.3° ~ 24.8°,总黏聚力为 22.7 kPa ~ 46.9 kPa。

(4)三轴剪切试验结果表明,堆积土的强度与吸力基本呈正相关线性关系,其基质吸力相关角为 $\varphi^b = 15.5°$,处于低吸力范围内。

第三章　中低山区冲沟型泥石流堆积体的结构单元定量研究

第一节　堆积体固结试验

选取德安县丰林镇杜家沟泥石流形成区的松散物源土,采用环刀法进行取样,去除含大粒径块石,做成符合试验规格大小的试样,放入到塑料桶中,加入适量的纯净水,浸泡 72 小时,先后放入到高级固结仪(GDSCTS)、非饱和土直剪仪(GDSBPS)中。加入适量围压,在固结、饱和、剪切三种工况下逐级施加轴压和反压,分别获取中低山区物源区堆积土的固结变形、剪切强度及渗透变形参数。

一、试验土样及制备

为了直观地呈现固结过程中堆积体强度劣化演化过程的强度试验,通过分级加载获得固结参数的传统方法,不能满足某些不稳定斜坡强度劣化需要大量试验数据的要求,于是,借鉴 Lowe-Barden 提出的控制梯度固结试验方法。试验土样取自典型中低山区泥石流物源区松散堆积土,堆积土厚度 2 ~ 10 m,挖开表层 1 ~ 2 m 堆积土后,选取土质均匀、无巨石根系的取样点,采用环刀法提取土样,土样为灰褐色—褐黄色,呈可塑—软塑状。据室内试验统计,物源区堆积土平均含水量为 29.8% ~ 50.8%,历时 3 ~ 6 个月后,平均含水量为 35.8%。试验以堆积土原样含水量为基础,配制 35% ~ 50% 的重塑样,采用南昌工程学院 GDSCTS 高级固结仪进行固结渗透试验。原样平均含水量为 42.14%,孔隙比为 1.15,湿密度为 1.77 g/cm^3。由于土样含水量高,制样、装样、压力施加过程中需要考虑以下因素及处理方法:

(1)将配制的土样放入桶中,密封静置保存,搅拌混合均匀,试验前除去表层试液。

(2)按照计算的重量分层分次将土样倒入固结容器侧限环,分层捣实,倒入的土样总重量与计算值之差控制在 1% 之内。

（3）试样顶部安放滤纸、透水板后，静置待透水板下陷稳定，侧限环无水析出时，进行下一道试验工序。如透水板下陷位移较大，应重新装样进行试验。

（4）土样初始强度极低，经试验比选后确定第一级固结压力为 10 kPa；为使土样渗流形成稳定流，经试验比选后，选取小压力范围（有效固结压力不大于 30 kPa）、较大压力（大于 30 kPa）的第一级渗透固结压差分别为 5 kPa、10 kPa。（见图 3.1）。

（a）野外物源区环刀法取样   （b）室内制样

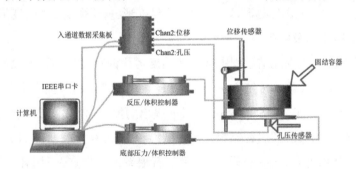

（c）GDS 一维固结系统

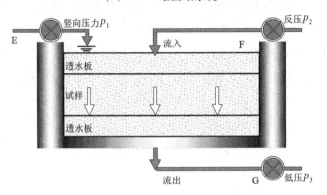

（d）固结容器试验原理

图 3.1　GDSCTS 固结试验取样及试验设备

固结试验采用 2.0～3.3 m 灰黄色松散堆积土试样,其初始孔隙比为 1.25,试样的矿物成分中原生矿物包括石英、长石类,约占 52%;次生矿物主要包括伊利石、高岭石和绿泥石,约占 48%;黏土矿物以伊利石(24.84%)、高岭石(12.48%)为主,绿泥石较少(10.6%),伊利石含量大于绿泥石含量,表明该区域软弱土层总体水稳性较好。

试验采用原状土样,按照 GB/T 50123—1999《土工试验方法标准》,用直径 76.2 mm 和厚度 20 mm 的环刀取样,测试样品的初始含水率。

二、试验仪器

试验采用南昌工程学院引进的 GDSACTS(GDS advanced consolidation testing system)高级固结试验系统,该系统主要包括固结压力室、反压/轴压控制器、传感器、数据采集器和 GDSLAB 数据处理系统。其中土样放置在固结压力室中,环刀放入导环中,上下分别加上透水石和滤纸,通过反压/轴压控制器加压,由数据处理系统通过传感器和数据采集器自动收集、记录试验数据。

固结开始之前,先对土样进行反压饱和,通过轴压控制器施加反压 p_1 和反压控制器施加反压 p_2,使两者之差保持在一个很小的范围内,防止土压膨胀变形,本次试验采用 $\Delta p = p_1 - p_2 = 5$ kPa,每次反压饱和为 2 h。为了保证土样达到饱和,采用饱和度 B 来进行控制,即当土样底部孔隙水压力 Δu/轴压与反压差 Δp 大于或等于 0.95 时,就可以开始固结试验;当饱和度 $B < 0.95$ 时,在保持 $\Delta p = 5$ kPa 不变的情况下,增大 p_1 和 p_2,接着反压饱和 2 h,再计算饱和度值,当达到饱和度 $B \geqslant 0.95$ 时再开展试验。

扫描试验仪器采用日立公司生产的 S-3400N 型扫描电子显微镜(配能谱仪)系统(图3.2)。

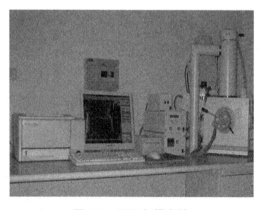

图 3.2　SEM 扫描电镜

将需要扫描的试样从剪切盒或压力室取出,利用钢丝锯和刀片切割时尽量避免扰动。图像分析工具采用南京大学开发的 PCAS 软件,并根据本研究的需要,重点考虑孔隙度分维值 D_c、均形态系数 F、形态分布分开维数 D、定向概率熵 H_m 4 个参数作为主要研究对象。微观图像选取加压方向的剖面进行观察,对比分析不同固结压力下的 4 个主要参数的变化。

三、试验方案

为研究不同深度堆积土的主固结及次固结特性,试验采用等应变速率方式,应变速率采用 0.01mm/min,保持反压 10 kPa 不变,以不同的轴压 p_1(60 kPa、110 kPa、210 kPa、410 kPa、810 kPa、1610 kPa)施加压力,保持 p_2 为 10 kPa 不变,24 h 或变形基本保持不变 2 h 后固结试验完成。为确保试验结果可靠,每组固结试验进行 3 个平行试验,应用数理统计的方法对试验数据进行整理。

试验样品选择原状土样,在南昌工程学院鄱阳湖流域水工程安全国家工程实验室分别开展(50 kPa、100 kPa、200 kPa、400 kPa、800 kPa、1600 kPa)固结试验,待实验完成之后,将压缩试样取出。为保证微观结构保持不变和试样水分彻底抽干,分别沿垂直和水平方向将试样切成小条,进行真空低温处理。随后对土样进行二次喷金处理,以提高试样的图像质量。在试验中注意土样的分离面要选择较平坦的一面进行观察,保证图像的景深和清晰,提高 SEM 分析的准确性。

第二节　堆积体固结变形特性分析

一、主、次固结变形特性分析

图 3.3 所示为等应变速率加载条件下典型土样的位移—时间对数曲线,从图中可以看出,在不同固结应力作用下的位移—时间对数曲线具有共同的阶段性变形特征,即第一阶段的抛物线段、第二阶段的斜直线段、第三阶段的近水平线段。第一阶段的抛物线段在各固结应力作用下历时基本接近,第二阶段的斜直线段固结应力越大,斜率越大,说明最先完成固结。

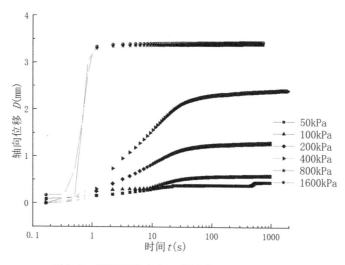

图3.3 不同固结应力下的位移—时间对数曲线

    6组等应变固结试验中,固结应力越大,土样最终变形量越大,固结应力为800 kPa与1600 kPa的最终变形量基本接近,说明当固结应力超过800 kPa时,试样主固结和次固结都能在相近的短时间内基本完成。从固结时间上看,在相同的固结历时,固结应力越大,其压缩变形值越大。50 kPa、100 kPa、200 kPa、400 kPa、800 kPa、1600 kPa 6组固结应力作用24 h之后,其最终固结变形值分别为0.4651 mm、0.589 mm、1.3002 mm、2.4132 mm、3.4071 mm和2.4446 mm。这说明堆积土总固结随着固结应力或埋藏深度的增加不断加大,但当固结应力超过800 kPa时,总固结增加幅度明显减小。

    在泥石流治理工程实践中,经常出现泥石流堆积体地基上部构筑物变形过大和后期沉降量大的现象,从本研究不同固结应力的固结变形特性来看,在堆积体埋藏过厚或上部荷载过大的情况下,有可能导致地基加速沉降的现象。由于研究区堆积体的沉积历史较长,固结沉降既有主固结,也有次固结,为研究其主、次固结特性,采用Casagrande图解法,作 $e - \lg t$ 固结试验曲线(见图3.4),可延长各固结应力作用下的第二阶段斜直线和第三阶段近水平线相交于一点,该点对应的时间即为主固结时间。

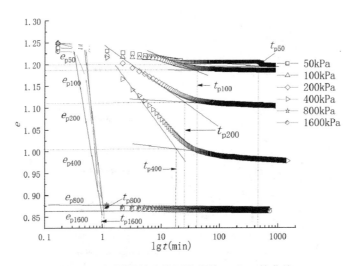

图 3.4　不同固结应力下堆积体 $e - \lg t$ 的曲线

从图 3.4 可知,随着固结应力的增大,主固结时间大小关系是 $t_{p50} > t_{p100} > t_{p200} > t_{p400} > t_{p800} > t_{p1600}$,说明固结应力越大,主固结时间 t_p 越短。在各级固结应力作用下的曲线线型也有所不同,随着固结应力的增大,主固结压缩量与总压缩量之比(主固结占比)越大,次固结占比越小。因此,对泥石流堆积体来说,主、次固结的作用时间及变形量占比有很大的不同,堆积体的这一工程特性,在地基固结沉降计算中具有重要的设计意义。

二、次固结系数分析

次固结是反映堆积体在主固结完成之后一段时间内仍然会持续压缩变形的特性,人们常用次固结系数来研究堆积土的次固结,即

$$C_\alpha = -\frac{\Delta e}{\lg t_2 - \lg t_1} \tag{3.1}$$

式(3.1)中,C_α 是指次固结系数,Δe 是指孔隙比增加量,t_1、t_2 分别指主、次固结结束时间。根据图 3.3 可知研究区堆积体在 50 kPa、100 kPa、200 kPa、400 kPa、800 kPa、1600 kPa 作用下主固结时间 t 约为 10 min ~ 1000 min。因此,利用此方法计算得出的次固结系数受荷载水平、加荷历史的影响,其相应的次固结沉降计算也相差较大。以研究区堆积土为例,初始孔隙比 e_0 选取 1.25,利用次固结沉降规范公式(3.2)计算,可得如下结果(见表 3.1)。

$$S = \frac{H}{1 + e_0} C_\alpha \lg (t_2/t_1) \tag{3.2}$$

式(3.2)中,S 是次固结沉降量,H 是土层厚度,其他符号意义同式(3.1)。

从表 3.1 中可知,研究区堆积体的次固结特性跟初始固结时间和次固结系数的选取紧密相关。初始固结时间 t_1 为 10 min、次固结系数为 0.01 时计算得出的固结沉降量 S 与 t_1 为 200 min、次固结系数为 0.001 时计算得到的 S 相差比值均在 92% 以上。雷华阳等认为这是用 Casagrande 法得到的次固结划分没有清晰的物理意义造成的,而有的学者认为最终固结压力决定了次固结系数的不同。但有一种共识,认为主固结是孔隙水压力消散而发生的压缩,次固结是土颗粒骨架在有效应力基本不变之后发生的蠕变。因此,不管是主固结还是次固结,研究土颗粒的微观结构特征也可以间接反映堆积土的固结特性。

表 3.1　研究区堆积体次固结沉降量

堆积体埋深	$t_1 = 10$ min			$t_1 = 200$ min			相差比值(%)
	C_α	t_2	S/m	C_α	t_2	S/m	
		1a	0.183		1a	0.013	92.76
11.2 m	0.01	10a	0.221	0.001	10a	0.017	92.27
		50a	0.248		50a	0.020	92.03
		1a	0.132		1a	0.010	92.76
8.5 m	0.01	10a	0.160	0.001	10a	0.012	92.27
		50a	0.180		50a	0.014	92.03

第三节　堆积体微观结构分析

利用电镜(SEM)对不同固结压力作用下的试样进行扫描研究。土样用刀片切成 20 mm 厚、5 mm × 5 mm 宽的薄片,经 −70 ℃ 低温冷冻干燥后用锋利小刀切开,再将新鲜面放在 500 ~ 5000 倍扫描电镜下观察。本次试验放大倍数为 500、1000 和 2000 倍,并抓拍 SEM 图像,挑选清晰图像通过 PCAS(particles and cracks analysis system,即颗粒裂缝分析系统)软件进行分析,结果如图 3.5、图 3.6 所示。

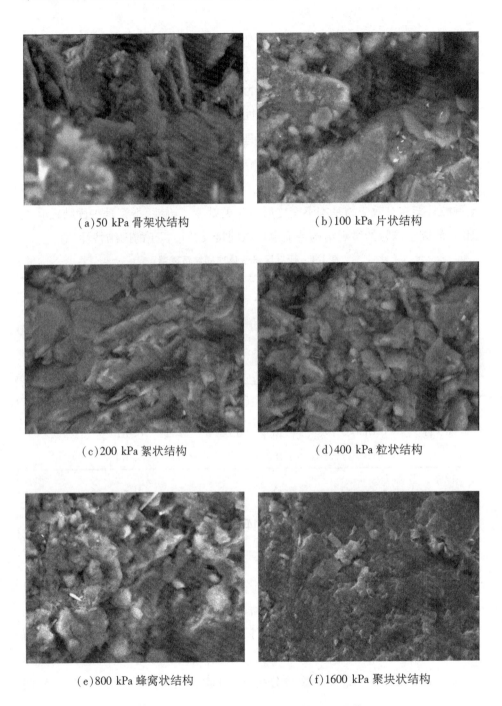

(a)50 kPa 骨架状结构   (b)100 kPa 片状结构

(c)200 kPa 絮状结构   (d)400 kPa 粒状结构

(e)800 kPa 蜂窝状结构   (f)1600 kPa 聚块状结构

图 3.5 不同压力条件下的堆积体 SEM 图像

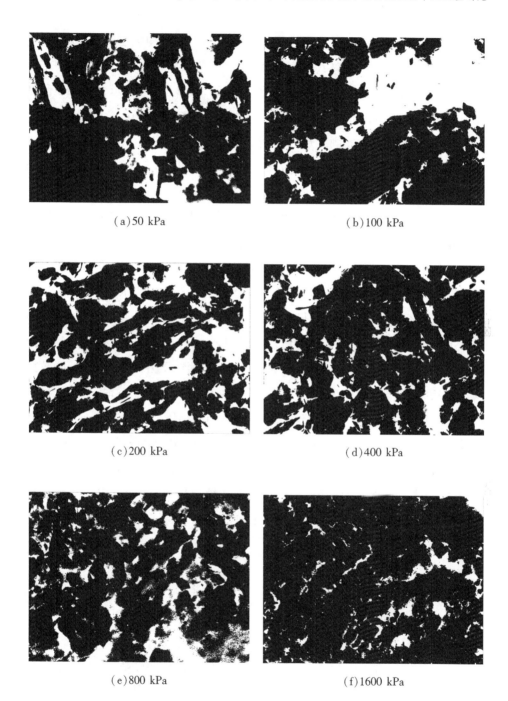

(a)50 kPa

(b)100 kPa

(c)200 kPa

(d)400 kPa

(e)800 kPa

(f)1600 kPa

图3.6 经过 PCAS 二值化处理的各固结压力下的 SEM 图像

从图 3.5 可以看出,研究区堆积体在空间架构上结构类型较多,既有蜂窝状结构、粒状结构、絮状结构,也有片状、骨架状和聚块状结构。50 kPa 固结压力作用下,堆积体多为骨架状结构,如图 3.5(a)、图 3.6(a)所示;100 kPa 固结压力作用下,土颗粒结构多为片状,空隙多为大孔隙($d > 10 \ \mu m$),如图 3.5(b)、图 3.6(b)所示;200 kPa 固结压力作用下,颗粒结构为絮状,颗粒孔隙变小,空隙转变为中孔隙($2.5 \ \mu m < d < 10 \ \mu m$),如图 3.5(c)、图 3.6(c)所示;400 kPa 固结压力作用下,颗粒被挤压成粒状,但仍然有局部中、大孔隙存在,如图 3.5(d)、图 3.6(d)所示;而 800 kPa 固结压力作用下,颗粒之间的孔隙被挤压,颗粒及孔隙变得更为均匀,孔隙数量增多,孔隙变小($d < 2.5 \mu m$),如图 3.5(e)、图 3.6(e)所示;当固结压力达到 1600 kPa 时,颗粒被挤压成聚块状,但也形成一些贯通性裂纹,说明其沉积历史较长,如图 3.5(f)、图 3.6(f)所示。

为研究各个方向上的孔隙排列分布,将 SEM 图像定义为单元体,排列方向为 0°~180°,将其平均分为 18 等份,每等分 10°,可作出土颗粒孔隙分布的镜像玫瑰花,如图 3.7 所示。从图 3.7 中可以看出,当固结压力为 50 kPa 时,颗粒排列不均,定向角集中在 0°~30°;当固结压力为 100 kPa、200 kPa 时,颗粒排列不规则,定向角集中在 40°~145°较大的范围内;当固结压力为 400 kPa 时,颗粒继续被压实,定向角为 100°~160°;当固结压力为 800 kPa 时,颗粒排列变得有序,比较均匀;当固结压力为 1600 kPa 时,土颗粒被压实,但又形成局部新的空隙。这说明,总体上随着压力的增大,颗粒由大孔隙被压实,逐渐变中孔隙和小孔隙,颗粒的定向性由非均匀性向均一性发展。当压力足够大时,裂缝面贯通,可形成"块体滑移"。

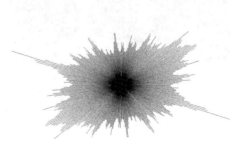

(a)50 kPa

(b)100 kPa

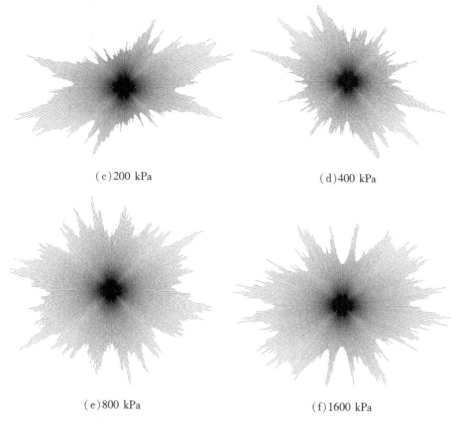

(c)200 kPa　　　　　　　　　　　　(d)400 kPa

(e)800 kPa　　　　　　　　　　　　(f)1600 kPa

图3.7　不同压力条件下的堆积体孔隙分布玫瑰花图

第四节　固结对堆积体物理力学性质影响的微(细)观机制

一、试样的固结排水过程微观机制探讨

根据孔隙的直径或长度,可以将其分为微孔($d<0.1$ μm)、介孔(0.1 μm $<$ $d<1000$ μm)和大孔($d>1000$ μm)。由于水分子的直径约4000 μm,故大孔中的水以重力水为主,介孔中的水以毛细水为主,微孔里的水以结合水为主。在堆积土矿物颗粒表面,还存在结合水膜,越接近颗粒,结合水以强结合水为主,水分子厚度为$1.0×10^4$ μm ~ $1.0×10^6$ μm,在自身重力作用下难以运动;越偏离颗粒,结合水表现为弱结合水,水分子厚度为$1.0×10^5$ μm ~ $1.0×10^7$ μm。对于含有黏土矿物的堆积土来说,去除了一部分水分进入黏土矿物颗粒空间。

在低固结压力(≤400 kPa)阶段,固结基本完成后堆积土孔隙以大孔为主,样品固结排水过程中,水分由里向外渗透,以重力水、自由水为主,主要驱动力以重力、渗透压力、毛细力为主。在排水初期,由于孔隙概率熵 H_m 降低速率极快,故渗透速度快,当孔隙概率熵与固结压力关系接近水平时,试样排水速率降低。土样加压开始阶段,大孔隙中重力水首先被排出,其次是毛细水被挤出,最后是排出弱结合水和矿物颗粒之间的层间水。

在高固结压力(>400 kPa)阶段,固结基本完成后堆积土的大孔隙逐渐被挤压,小孔隙个数增多,孔隙度、分形维数均与固结压力曲线接近水平。孔隙里的自由水基本被挤出,导致排水以毛细水、弱结合水为主,其次是碎屑矿物颗粒间的层间水,而强结合水很难排出。故高固结压力阶段,渗透由弱渗透性向微渗透性转变,直到孔隙水消散为零。

根据堆积体固结过程中的微观结构变化与渗透性的关系,可以将堆积土饱和固结过程中的渗透过程分为3个阶段。

(1)固结初期,在轴压、气压、水压、颗粒吸附力等作用下,主要是重力水由大孔隙向外迁移,带动毛细孔、微孔中的毛细水向外迁移,整个过程渗透速率快,渗透表现为强渗透性,如图3.8(a)所示;

(2)固结中期,在持续加压条件下,大孔中重力水逐渐消散,当介孔和微孔里的毛细水不再能够补充重力水的散失后,结合水开始从结合水膜上脱落,该阶段主要表现为弱透水性,如图3.8(b)所示;

(3)固结后期,当压力增大到极大后,堆积土孔隙以微孔为主,毛细水逐渐散失,堆积土颗粒表面的弱结合水开始散失,强结合水开始脱落,渗透速率极低,主要表现为微渗透性,如图3.8(c)所示。

(a)固结初期重力水迁移　　　　　　(b)固结中期毛细水迁移

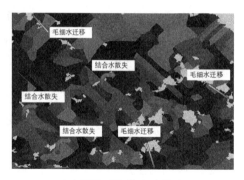

（c）固结后期结合水散失

图 3.8　土样固结排水过程示意图（据真实土样，用 PCAS 软件计算分析而成）

二、固结过程的空隙微观演化机制探讨

堆积体受压后，宏观变形压缩的表现实际上是土体内部微结构的调整再造的反映。土体对压力比较敏感，在初始压力作用下，宏观上表现为土体快速压缩，试样的孔隙比迅速降低，空隙数量减少；微观上表现为土颗粒之间空隙被挤压，土体结构由絮状结构、蜂窝状结构等宽松型结构向片状、块状结构转变，但空隙尺寸规模大，均一性差，方向性差。

随着压力逐渐增大，堆积土颗粒之间的嵌挤咬合，空隙被细颗粒充填，大空隙被切割成小空隙，使土体空隙的数量明显增多，但空隙的长度、宽度或直径明显减小，宏观上表现为压缩变形速率减缓，微观上表现为孔隙被压扁，孔隙分形维数、分维度和概率熵缓慢降低，颗粒定向性明显，空隙难以连接成片，孔隙展现为片状、块状结构。

当压力增大到极大时或土样经过长期固结后，颗粒的空隙被完全挤压充填，颗粒与颗粒之间接触紧密，宏观上表现为土样很难被压缩变形，外力基本由颗粒骨架承担；微观上对应再现出空隙由扁平状变为圆粒状、蜂窝状结构，空隙的直径、长度和周长变得更小，均一性增强，定向性减弱；几何形态参数如分形维数、分维度、概率熵和平均形状系数基本保持不变。

三、固结对堆积体力学性质影响的微观机制

固结试验表明，堆积体在各级压力的固结作用下，都存在位移和应力—应变拐点，从力学性质上可分为结构屈服前的初始阶段、团聚体之间的屈服阶段和黏粒间的屈服阶段。微观结构变化是宏观力学性质的根本原因，通过对各级固结压力下的微观结构进行分析，堆积土潜在的微观机制可分为 2 类：

一是荷载屈服机制，即通过外荷发生变化后产生固结效应，荷载传递到颗粒或团聚体之上,使颗粒或团聚体压密,孔隙变小,从而发生固结变形。该机制是不可逆的,可分为团聚体结构屈服的初始阶段、团聚体之间的屈服阶段、黏粒间的屈服阶段。在固结时间曲线上,先直线下降,再曲线下降,最后平缓接近直线。

二是非荷载屈服机制,即通过排水排气使孔隙发生变化后产生的固结效应。饱和堆积土中水和气的排出,使孔隙体积发生变化;团聚体或颗粒之间距离变小,相邻颗粒的黏聚力、吸附力及层间力发生改变;当粒间距缩小到一定值时,堆积土中黏粒之间的吸附力增大,产生团聚作用,导致土体发生固结。

第五节　堆积体固结特性与微观结构变化的关系

结合微观结构分形理论,利用 PCAS 软件的图像统计功能,分不同压力条件对孔隙度分维值、概率熵、平均形状系数、分维数进行统计分析。

一、固结压力与孔隙度分维值的关系

孔隙度分维是指小于某孔隙(r)的孔隙累积数目 $N(\leqslant r)$ 的分布特征,即

$$N(\leqslant r) = \int_r^\infty P(r)\,dr \propto r^{-D} \tag{3.3}$$

式中,D 是指容量维,$P(r)$ 为直径 R 的分布密度函数。由于一定区域内的颗粒总数恒定,所以 $N \leqslant r$ 和 $N \geqslant r$ 存在一定的对应关系,假设 $V(r)$ 是颗粒直径小于 r 的孔隙体积,V 为试样的孔隙总体积,则存在 $V(r)/V \propto r^b$,对其进行求导,可得

$$dV(r)/V \propto r^{b-1} \tag{3.4}$$

再对(3.3)求导可得

$$dN(r) \propto r^{-D-1} \tag{3.5}$$

由于

$$V(r) = \pi r^3 N(r) \tag{3.6}$$

$$dN(r) = \pi r^3 dN(r) \propto r^3 r^{-D-1} \tag{3.7}$$

联立式(3.4)和式(3.7),可解得

$$D = 3 - b \tag{3.8}$$

因此,以 r 为横坐标,$V(r)/V$ 为纵坐标,可以绘制双对数关系曲线,取其稳定斜率 b,即可求得孔隙分布的分维值。孔隙度分维值 D_c 越大,表明孔隙的均一化程度越差,孔隙间尺寸相关性越大。如图3.9所示为孔隙度分维值随着固结压力的变化曲线。由图可见,随着固结压力的增大,孔隙度分维值逐渐减小,其中固结压力小于400 kPa 时孔隙分维值的变化斜率较大,而固结压力大于400 kPa 时孔隙分维值减小的速率放缓,说明研究区堆积土中的孔隙度均一化随着固结压力的增加趋于稳定。孔隙度分维值与固结压力存在负相关性,说明堆积土固结压力越大,孔隙度分维值 D_c 越小。

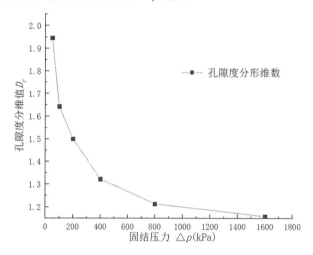

图3.9 孔隙度分维值随固结压力变化关系曲线

二、固结压力与概率熵的关系

概率熵是指土颗粒中孔隙长轴方向在某一个角度分布的概率,它是用来描述、表征土体中颗粒或孔隙方向性程度的指标,即

$$H_m = -\sum_{i=1}^{n} \frac{m_i}{M} \cdot \frac{\ln\,(m_i/M)}{\ln n} \tag{3.9}$$

式(3.9)中,H_m 为概率熵,m_i 表示孔隙长轴方向在 $0 \sim 180°$ 范围内 n 个等份区的第 i 个区位的个数,M 为孔隙总量。概率熵越大,孔隙排列越混乱。

研究区堆积体的概率熵随着固结压力的变化规律见图3.10。从图3.10中可以看出,概率熵均值在 0.92 以上,总体上较为紊乱,随着固结压力的增加,表明孔隙的排列越来越具有一定的方向性。当固结压力小于100 kPa 时,概率熵减少速率较快,说明颗粒受到挤压后孔隙变化较大;当固结压力大于400 kPa

时,概率熵减少速率基本相近,说明在高固结压力作用下颗粒孔隙减少速率放缓;概率熵与固结压力具有一定的负相关性,说明概率熵越低,其结构越稳定,渗透性越小,压缩性越小。

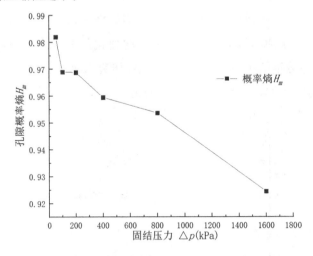

图 3.10　概率熵随固结压力变化图

三、固结压力与平均形状系数的关系

平均形状系数是指统计区域内各颗粒或孔隙等面积的圆周长与实际周长比值的平均值,即

$$F = \sum_{i=1}^{n} F_i / n \qquad (3.10)$$

式中:F_i 为颗粒或孔隙等面积的圆周长 C_c 与颗粒或孔隙的实际周长 S_a 的比值,n 为统计颗粒或孔隙的个数。平均形状系数越大,土体越紧密,渗透性和压缩性也随之降低,其孔隙的形状越圆滑。

研究堆积体的平均形状系数如图 3.11 所示,由图可以看出,平均形状系数随着固结压力的增加越来越大,说明总体上随着固结压力的增大,等面积土颗粒增加,孔隙减少。从变化曲线上看,低固结压力条件下(≤400 kPa 时)平均形状系数增长较快,说明在初始加压阶段等面积土颗粒增加,速率较快;高固结压力条件下(>400 kPa 时),曲线斜率变缓,说明孔隙已经被压缩,很难继续被压实,平均形状系数增长相对缓慢,这说明土颗粒之间的空间排列越来越紧密,土的渗透性和压缩性也随之降低。

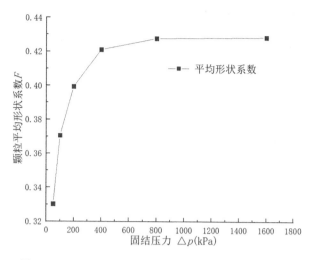

图 3.11　不同固结压力作用下平均形状系数变化曲线

四、固结压力与分形维数的关系

根据分形几何理论,孔隙形态分形维数是指用来描述孔隙结构非均匀形态的定量指标,假设孔隙具有不规则的分形特征,则一定存在如下关系式:

$$\lg L = D/2 \times \lg A + C \qquad (3.11)$$

式中,L 是孔隙的等效周长,D 是指孔隙形态分形维数,A 是孔隙的等效面积,C 是定值。形态分形维数又简称分形维数,其值在 $1 \sim 2$ 之间,分形维数值越大,则反映孔隙结构越复杂,孔隙的空间结构越粗糙,形态特征越不均匀。

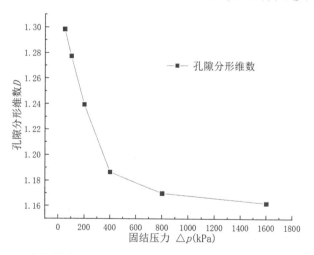

图 3.12　不同固结压力作用下分形维数变化曲线

图 3.12 所示为不同固结压力作用下分形维数随着固结压力的变化规律

图,从图中可以看出,当固结压力由 50 kPa 增加至 400 kPa 时,其分形维数迅速降低,说明堆积土为原状土或初始加压时,颗粒孔隙基本呈不规则状,当施加一定压力后,颗粒孔隙结构会迅速由不规则结构转变为较平滑的结构;当固结压力由 400 kPa 增加至 1600 kPa 时,分形维数降速减缓,说明颗粒孔隙由均一化程度接近定值。虽然分形维数与固结压力呈正相关关系,但在实际工程中(对比表 3.2),由于堆积土的沉积环境、成因及沉积历时不同,其压缩系数并不一定会随着深度的增加(固结压力的增大)而与分形维数成正相关关系,这在研究区堆积土勘查中要引起注意。研究固结压力作用下堆积体颗粒形态及几何特征变化规律的相关性,分别对固结压力与孔隙度分维值、概率熵、平均形状系数和分形维数进行二元多项式拟合,结果见表 3.2,各相关系数均大于 0.81,属于高度相关。

表 3.2　固结压力与土颗粒微观结构参数相关性分析表

x	y	相关性公式	R^2
孔隙度分维值	固结压力	$y = 6 \times 10^{-7}x^2 - 0.0014x + 1.3009$	0.8776
概率熵	固结压力	$y = 2 \times 10^{-9}x^2 - 4 \times 10^{-5}x + 0.9771$	0.9508
平均形状系数	固结压力	$y = 9 \times 10^{-8}x^2 + 0.0002x + 0.3453$	0.8171
分形维数	固结压力	$y = 1 \times 10^{-7}x^2 - 0.003x + 1.3009$	0.944

第六节　小结

本研究以杜家沟泥石流堆积体为研究对象,通过固结试验模拟堆积体沉积过程,并将固结的试样进行 SEM 扫描后用 PCAS 软件开展定量微观分析,得到如下结论:

(1)基于 GDS 固结试验,获得了堆积土试样在 6 种压力下的时间—变形曲线,研究区堆积土主固结和次固结分界点不明显,随着固结压力的增加,堆积土的主固结比增大。在工程开挖时要注意次固结系数的选取,充分考虑荷载水平、加荷历史的影响。

(2)基于分形理论和 SEM 图像微观分析,不同深度的堆积体受到的固结压力影响不同,其变形和孔隙时间均经历快速变化、缓慢变化、基本保持不变三个阶段,反映到实际工程中,要注意不同堆积体固结的时间性。

（3）固结压力越大,孔隙度分维值、概率熵、分形维数越小,平均形状系数越大,表明随着深度的增加,堆积土的均一性越好、压密度越高,定向性越差、土体越密实。固结压力与以上4个微观参数相关性均大于0.81,属高度相关,工程设计时要注意研究堆积土的结构性。

（4）饱和堆积体固结过程中微观结构的变化过程反映其渗透、变形及力学性质的演变,用PCAS软件对其过程进行分析表明:低固结压力阶段因荷载屈服效应导致大孔隙以重力水排水为主,土体变形速率增大;随着压力增大,介孔和微孔中的毛细水和结合水参与排水,土体变形速率减小,非荷载屈服效应增强,在堆积体开挖时要注意不同阶段的排水、变形和固结机制。

第四章　基于 GMD 模型的中低山冲沟型泥石流水力作用研究

第一节　降雨入渗对形成区松散堆积体变形破坏的物理模拟试验

以往的研究大多根据降雨对形成区松散堆积体变形破坏之间的关系进行研究,普遍认为中低山区冲沟型泥石流主要是降雨入渗引起形成区松散堆积体基质吸力发生变化,导致形成区斜坡体的抗剪强度降低,当斜坡体的下滑力大于堆积土的抗滑力时,泥石流形成区斜坡发生变形破坏,从而引发冲蚀、揭底现象。然而,这些研究大多从非饱和土抗剪强度理论出发,利用室内试验或数值方法研究形成区松散堆积体的稳定性,但未能全面考虑松散堆积体带来的影响。此外,降雨入渗对松散堆积体既有水平渗透又有垂直渗透,研究滑坡水文地质循环多考虑了同一渗流场的变化,但对于松散堆积体的水平向和垂直向等双向渗透问题,研究得比较少。因此,本书以拟建形成区松散堆积体为例,设计双向渗透人工降雨模拟试验模型,配合滑坡力学和变形参数监测,分析含软弱夹层的斜坡在降雨诱发下的多场特征和滑坡变形破坏机理,以期为有效治理中低山区冲沟型松散堆积体坡提供参考。

一、典型形成区松散堆积体概况

大部分形成区松散堆积体具有较深的厚度和较大的坡度,上部结构松散,运动速度较慢。从剖面上看,该类型形成区松散堆积体主要分为三类区域:形成区、运动区和堆积区。以典型形成区松散堆积体剖面为例。形成区松散堆积体主要为夹砾质黏土,地层岩性揭露有粉细砂、淤泥、细砂、圆砾,下伏基岩为粉砂质泥岩、灰岩、砂岩,揭露的基岩自强风化至中风化。构造形迹以 SW-NE 向为主。该泥石流松散堆积体隐患区宽 5 m,滑动长约 150 m,相对高差 20 m,潜在滑动总体积约 100 方;平均坡度约为 35°,主滑方向为 270°~290°。降雨主要集中在 4—6 月,占全年降水量的 50% 以上。降雨一部分转为地表水体,一部分主要通过地表裂缝、滑体空隙渗入地下,形成了不利于松散堆积体的软弱泥化滑动面。

二、试验模型

(1)模型设置

据形成区松散堆积体特征分析,为研究地层及降雨等多因素对形成区松散堆积体稳定性的影响,选择已经形成拉张裂缝的主滑断面作为试验剖面,模拟范围包括不稳定斜坡陡壁至斜坡前缘剪出口,选取模型试验深度为 30 m,长度为 146.4 m。此滑坡模型宽 51.3 cm、长 146.4 cm、高 5.3 cm,被放置在长、宽、高分别为 230 cm×120 cm×100 cm 的移动式钢架强化玻璃箱里。玻璃箱采用全封闭式(顶端开口),但在斜坡前缘留有带开关的泄水管道(直径为 6 cm),调节开关可以模拟剪出口水位变化对滑坡的影响。同时,为研究不同坡度和不同密度的滑坡在同一降雨条件下的变形破坏规律,制作了两个模型箱,每个模型箱中间用厚 7 cm 的木板隔开,四个模型同时进行试验(见图 4.1 和图 4.2)。

图 4.1　降雨模型试验模型箱系统

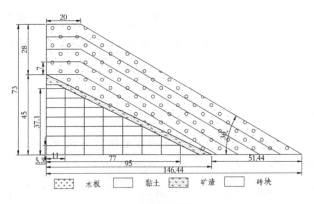

(a)模型侧视图

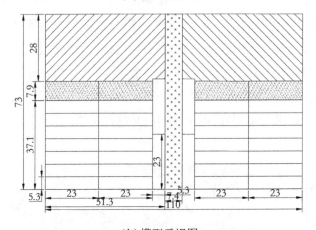

(b)模型后视图

图 4.2　降雨模型试验模型箱尺寸

本次试验在江西水土保持生态科技园进行,该降雨系统有效降雨总面积为 784 m²,整个降雨区由 4 个子降雨小区(三个下喷区和一个侧喷区)组合而成,使各个降雨子系统互不影响、独立工作。遮雨槽系统,布设在三个下喷区,可以很好地解决下喷区降雨前后产生的无效雨。

人工模拟降雨系统性能参数:

①雨强连续变化范围:下喷区 10 ~ 200 mm/h,侧喷区 30 ~ 300 mm/h;

②降雨面积:下喷区 3 × 196 m²,侧喷区 196 m²;

③降雨均匀度:>0.80;

④降雨高度:下喷区 18 mm,侧喷区 18 m;

⑤雨强采集器存储容量:≥32000 条;

⑥降雨采样间隔:10 ~ 9999 秒。

为便于数据的观测,移动式模型箱四周透明,并在剖面方向贴上 1.0 cm×
1.0 cm 方格纤维网。模型基座采用长、宽、高分别为23 cm×11 cm×5.3 cm 的
青砖砌成高37.1 cm、长88 cm、坡度约为26°的直角楔体。为模拟降雨,沿着滑
坡横向裂缝渗透进入斜坡中,造成不透水层之上的软弱夹层泥化,在滑坡体后
缘插入10 根直径12 mm 的过滤水管(约翰逊管),并在青砖上铺设一层厚0.5
mm 的塑料雨布形成隔水层。在雨布上再铺设由粒径20~40 目、厚度2~3 cm
的夹泥尾矿细砂模拟软弱夹层;细砂之上再分层铺设厚28 cm 的花岗岩风
化土。

(2)模型材料及相似比

表 4.1 物理参数相似比

参数相似比	定义	相似比
长度	$C_l = L_p / L_m$	100
容重	$C_\gamma = \gamma_p / \gamma_m$	1
雨强	$C_q = q_p / q_m$	10
降雨历时	$C_t = t_p / t_p$	10
内聚力	$C_c = C_p / C_m$	100
内摩擦角	$C_\varphi = \varphi_p / \varphi_m$	1
位移	$C_\delta = \delta_p / \delta_m$	100
剪应力	$C_\tau = \tau_p / \tau_m$	100
渗透系数	$C_k = k_p / k_m$	10
压缩模量	$C_{Es} = k_{Esp} / k_{Esm}$	100

备注:表 4.1 中 C_l、C_γ、C_q、C_t、C_c、C_φ、C_δ、C_τ、C_k、C_{Es} 分别为长度、容重、雨
强、降雨历时、内聚力、内摩擦角、位移、剪应力、渗透系数、压缩模量的相似比;
L_p / L_m、γ_p / γ_m、q_p / q_m、t_p / t_p、C_p / C_m、φ_p / φ_m、δ_p / δ_m、τ_p / τ_m、k_p / k_m、k_{Esp} / k_{Esm} 分别为长
度、容重、雨强、降雨历时、内聚力、内摩擦角、位移、剪应力、渗透系数、压缩模量
的原型/模型参数赋值。

依据几何相似、物理性质相似及力学条件相似三个原则,本试验模型几何
相似比 $C_l = 1 : 100$。鉴于原型滑坡力学机制是推移式的,故重度相似比选取 C_γ
$= 1 : 1$,其他物理参数根据相似理论选取(见表4.1)。

野外调查表明,该泥石流松散堆积体表层岩土含水量极低,降雨入渗主要
沿着裂缝和空隙垂直或水平渗入到软弱基底,诱发了坡面流。因此,软弱基底
的力学参数相似比极为重要。由于该软弱夹层的主要地层岩性是强风化灰岩

与残坡积土,本次试验的软弱基底饱和渗透采用工程地质类比法,即采用地层岩性、颗粒粒径比、含水量等综合确定。其中模型底座用青砖砌成,软弱基底采用尾矿砂∶粉煤灰∶滑石粉∶水＝73∶9∶11∶7配合而成;上部残坡积斜坡采用花岗岩风化土∶细砂∶水＝83∶12∶5均匀混合而成(见表4.2)。

表4.2　降雨模型主要参数相似比

材料名称	类型	重度 $\gamma(\mathrm{KN/m^3})$	含水率 $\omega(\%)$	内黏聚力 $c(\mathrm{kPa})$	内摩擦角 $\varphi(°)$	渗透系数 $K(\mathrm{cm/s})$	压缩模量 $E_s(\mathrm{MPa})$
堆积体	原型	1.78	26.4	24.6	21.4	2.1×10^{-5}	5.40
	模型	1.80	26.5	0.25	21.3	2.0×10^{-6}	0.05
软弱夹层	原型	1.96	41.2	33.1	19.3	2.9×10^{-6}	5.85
	模型	1.95	40.5	0.34	19.5	3.0×10^{-7}	0.06

本次试验采用连续降雨的方式,分4个模型同时进行试验。降雨模型的重度通过事先称重除以斜坡体积严格控制,含水率通过事先计算并利用量筒和洒水壶在填土过程中均匀喷洒控制;内黏聚力、内摩擦角、渗透系数、压缩模量通过室内试验确定。原型滑坡于2016年3月19日20时至20日20时连续降雨24小时,累计降雨量150 mm,降雨主要集中在前6个小时(平均雨强约25 mm/h)。根据相似比原则,以总降雨量作为控制因素,先进行雨强为10 mm/h的降雨3小时,再进行雨强为30 mm/h的降雨2小时,最后进行雨强为60 mm/h的降雨1小时。自动监测数据持续24小时降雨要进行15～20分钟的滤定。先将试验箱用雨布遮住,待降雨均匀并达到设计雨强后才打开雨布开始计时(见图4.3)。

图4.3　降雨物理模拟现场照片

（3）监测设备

试验采用的是最新开发出来的自动监测系统,主要包括孔隙水压力、土压力、应变监测与全自动摄像监测系统。每个模型的不同位置分别布设了 3 个 CYY2 孔隙水压力传感器、3 个 CYY9 动态土壤压力传感器、3 个 CYY-TR-WY 型一体化双向土壤位移传感器和 1 个 RS485 数字信号型土壤水分传感器(见图 4.4);在 4 个模型的四周分别布置了 4 个高清摄像头。

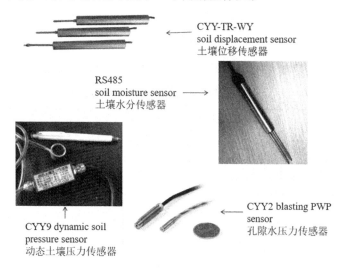

图 4.4　部分试验用传感器照片

CYY2 孔隙水压力传感器厚度仅有 5 mm,量程 0 ~ 20 kPa;CYY9 动态土壤压力传感器直径 3 mm,量程 0 ~ 50 kPa;RS485 数字信号型土壤水分传感器的探针直径 3 mm,量程 0 ~ 100% RH;CYY-TR-WY 型一体化双向土壤位移传感器量程 0 ~ ±0.5 - 1000 mm;所有传感器通过高频放大器集成后进行数字化处理,并采用专门设计的转换软件将电压信号转换为应力或应变信号。摄像头采用海康威视 DS-2CD2T25XY-SW 型,像素 300 万,可实现日夜转换监控。该监测系统的优点是量程大,尺寸效应小,防水性好,并能够自动全程实时记录。

在进行试验时,首先用水泵从地下蓄水池抽水到顶棚降雨系统,由自动控制端控制降雨时间、雨强和降雨方式,模型斜坡的表面径流通过模型箱的排水孔流出,经过排水渠道回流至沉砂池,再经过沉淀后流回蓄水池,另外一部分的降水则通过回收系统回收至蓄水池。降雨的均匀度通过公式(4.1)进行计算。

$$U = 1 - \frac{\sum |R_i - \overline{R}|}{n\,\overline{R}} \tag{4.1}$$

式中:R_i 为降雨范围内测点 i 在同一时段所测得的雨量;n 为测点数;$\overline{R}$ 为降雨范围内同一时段的平均降雨量。由于所需的雨强变化范围太大,因此本次试验选择侧喷和直喷两种组合降雨方式。

在正式降雨滑坡试验之前,先开展 2～3 次降雨测试对降雨的均匀度进行率定,测试时间为 10～30 分钟,用以分析总结出降雨均匀度最佳的喷头线路(所有试验的额定供水压力均控制在 2.3 bar 左右)。如表 4.3 所示,其中各线路的编号通过降雨控制系统操作,通过计算机软件控制不同线路的组合,可以得到所要的降雨强度。由图 4.5 可知,试验所需要的 20 mm/h、60 mm/h、100 mm/h 的雨强均符合均匀度大于 80% 的要求。

表 4.3　最佳均匀度的供水线路组合

设计雨强 (mm/h)	10	20	30	40	50	60	70	80	90	100	110	120
组合线路	1	1,2	2,5	2,8	1,2,8	1,2,4,6	2,3,5,8	3,5,7,8	1,5,6,7,8	1,2,5,6,7,8	1～8	1～8

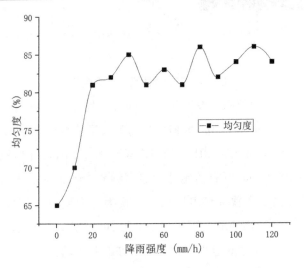

图 4.5　各设计雨强的实测降雨均匀度

三、试验土样的制备

试验所采用的土料为德安县的泥石流松散堆积土,其基本物性与抗剪强度参数见表 4.4,级配曲线如图 4.6 所示。

由于试验所需的土方量较大,需填土约 3.0 m³(均质斜坡)与 1.5 m³(底部基岩型斜坡)的土量,再依据所需坡形削坡。填筑制样时尽可能满足试样的均一性,使每个试验结果较为可靠,因此,采用统一的填筑试验边坡的步骤来确保试样的可重复性。

本试验采用分层夯实的方法来填筑边坡,在填筑之前先进行夯实试验,夯实试验的目的是求得试验用土的最大干密度,以此来作为填筑边坡时设计夯实密度的参考,并熟悉土样的夯实特性。松散堆积土的夯实曲线如图 4.7 所示,从图上可以看出,松散堆积土在含水量 21% 时有最大干密度 1.82 g/cm³。

表 4.4　松散堆积土物性指标表

土类	比重 G_s	最优含水量 w_{opt} (%)	最大干密度 $\rho_{d\max}$ (g/cm³)	液限 L_L	塑限 P_L	塑性指数 P_I	过筛 No.200 筛 (%)	试样干密度 ρ_d (g/cm³)	饱和渗透系数 k_s (m/s)	有效黏聚力 c' (kPa)	有效内摩擦角 φ' (°)
松散堆积土	2.7	16.8	1.62	35.2	20.1	15.1	56	17.1	1.82×10^{-6}	27.8	17.2

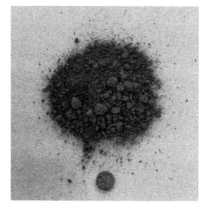

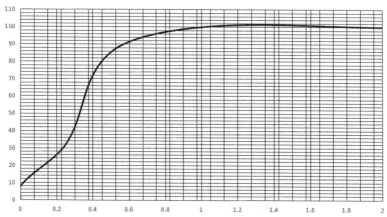

图 4.6　试验用土及其级配曲线

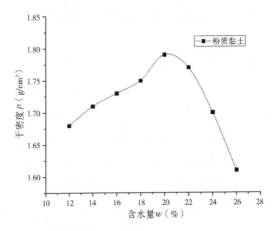

图 4.7　松散堆积土的夯实曲线

根据夯实曲线的结果,选定形成区松散堆积体的控制干密度为 $1.8 \ \text{g/cm}^3$,在夯实的过程中,发现松散堆积土夯实 $3 \sim 5$ 下即可达到干密度 $1.8 \ \text{g/cm}^3$ 左右,因此填筑边坡时较易控制干密度,在夯实过程中要注意防止过度夯实。

试验松散堆积体的制样步骤简述如下:

(1)用隔板将模型箱平均隔开,按设计图垫上所需基岩(砖块);准备所需填筑边坡的试验用土,并测得其平均含水量,再配合所需控制的干密度预先估计所需的土量。

(2)填筑土分为 5 层,每层初始厚度约 10 cm。每次分层填土前用计量桶称好重量和量好体积,然后将桶内土均匀抛洒在模型箱基岩(砖块)上,并用平板夯锤逐层夯实。

(3)每层填土完成后,利用环刀在夯实范围内平均取样,测得夯实土层的密度,并测得每个环刀取样的含水量,以此测得夯实后的干密度。对松散堆积土边坡的夯实应特别注意,避免过度夯实超过控制的干密度。

(4)步骤(3)所测得的含水量可用来控制每分层的含水量,若含水量太低,则洒水使含水量能控制在所需范围;若所测得的干密度太低,则进一步夯实到所需干密度(所需干密度由环刀试样测得的结果而定),并填土至所需的控制高度;若干密度超过所需的干密度,则挖除重填。

(5)环刀所挖除的孔洞应填好并加以夯实,下次分层填筑时用小刀打毛。

(6)对于要求饱和的土层,则分层填筑后可适度填充水,使水高出土面后再分层填上方的土层。

（7）依照传感器布置设计方案，在不同位置、不同深度的土层埋好传感器，然后恢复土层的填筑。

（8）当边坡模型填筑到需要设置滑坡横向裂缝时，在边坡后缘用 12 mm 的 PVC 管埋入边坡缘平台，等边坡模型制作完成后拨出 PVC 管，留下后缘滑坡横向裂缝以模拟滑坡裂缝。

（9）一个模型箱内隔板两边同时填筑治理前后的边坡模型，以利于对比分析滑坡治理前后的降雨试验。

（10）当填筑到一定高度时，边坡前缘用挡板挡住，防止前缘坡体滑塌。

（11）分层填筑好后，整理各土压力、孔隙水压力、水分、地表位移传感器，按顺序编好号之后，理顺传感器的数据线并用胶带沿模型箱侧壁固定好，避免降雨过程中线的晃动对传感器的准确性产生影响。

（12）按照模型箱侧壁画出设计坡形，用刮刀削坡，使坡面与设计坡面对齐。在削坡过程和撤出前缘支撑时应特别注意保持坡形的完整。

（13）安装红外线全景摄像机，调好摄影机的最佳预测位置，并注意防止降雨对摄像机镜头产生影响。

（14）按编号及顺序安装好各类传感器，接入传感器采集卡。安装好监测软件，并做好试验测试。

如此即完成试验边坡的填筑工作，如图 4.8、图 4.9 所示。冉依所需的初始基质吸力场与所设计的雨强，即可开始进行降雨条件下滑坡模拟的试验。一般来说，试验边坡的制样过程约需要 1~3 天，而把试验后的土样挖除也需要 1~3 天。此外，通过试验获得第一次实测结果，可控制干密度为 1.75~1.81 g/cm³，低于或高于此值范围的干密度均不易控制。因此，对于松散堆积土来说，以控制所需含水量为主。

(a)配料　　　　　　　　　　　(b)填筑

(c)试验前　　　　　　　　　　(d)试验后

图4.8　试验边坡填筑过程图

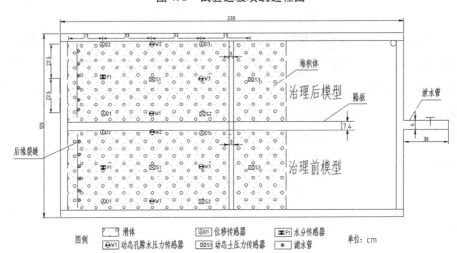

图4.9　堆积土滑坡模型传感器俯视图

四、试验结果分析

(1)不同坡度松散堆积体变形破坏特征

图 4.10、图 4.11 为坡角 30°、45°、60°、75°时在同一降雨强度下斜坡各测点的位移变化特征图。由图可知：

含松散堆积体后缘的浅表位移(D1 位移传感器位置)如图 4.10(a)、图 4.11(a)所示,不同角度模型的 4 个位移均随着降雨不断增大,其中:在降雨过程中,坡度为 30°的斜坡模型位移增速最大,约为 1.2 mm/h,属于陡变型变形破坏;坡度为 45°的斜坡模型位移增速次之,约为 0.6 mm/h;坡度为 60°和 75°的斜坡模型位移增速最小,属于渐近型变形破坏;最终的位移 30°、45°、60°、75°分别约为 16.7 mm、14.5 mm、8.0 mm、7.3 mm,这与降雨的监控效果相符,如图 4.10 (a)所示;降雨后的位移约为降雨时的 2.1 ~ 4.2 倍。

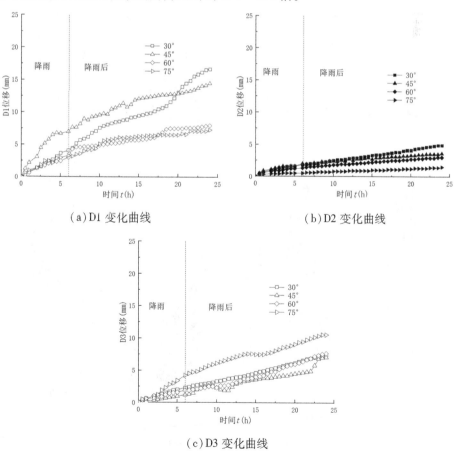

(a)D1 变化曲线　　　　　　　　(b)D2 变化曲线

(c)D3 变化曲线

图 4.10　不同坡度松散堆积体时间—位移变化特征图

边坡后缘深部的深层位移（D2 传感器位置）如图 4.10(b)、图 4.11(b)所示,其位移增速从大到小依次为坡度为 30°、45°、60°、75°的斜坡模型,增幅较为缓慢,属于渐近型变形。降雨过程中水分监测结果表明,松散堆积体在降雨入渗泥化过程中,其位移在降雨之后有持续增长的现象,降雨前后位移增幅为1.5～4.9 mm。松散堆积体位移在降雨后仍然持续蠕变,对松散堆积体的稳定性影响较大,在工程实践中应该高度重视。

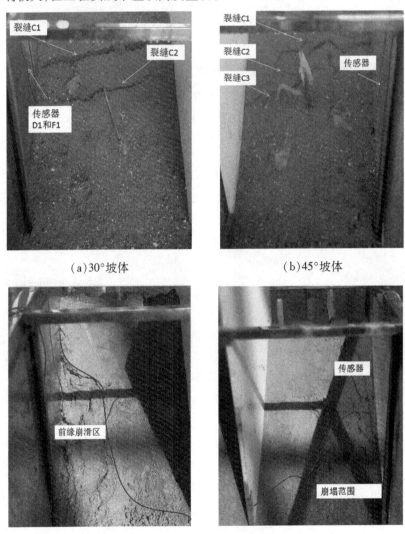

(a)30°坡体　　　　　　　　　(b)45°坡体

(c)60°坡体　　　　　　　　　(d)75°坡体

图 4.11　松散堆积体位移照片

松散堆积体前缘浅表部的位移如图 4.10(c)、图 4.11(c)所示,降雨时边坡位移增速最大的是 75°斜坡,60°坡体次之,45°和 30°坡体最小。降雨后最终位移监测数据表明,坡度为 75°、60°、45°、30°的坡体前缘位移分别为 10.6 mm、7.7 mm、7.1 mm、7.5 mm,说明坡度越陡的边坡越容易在坡脚形成剪出口,发生牵引式滑坡。反之,坡度越平缓,同一基岩顺层边坡越容易发生推动式滑坡。在工程实践中,对于坡度较陡的边坡,要重视坡体前缘削坡,而对比较平缓的边坡,要注意后缘横向裂缝的防水,尽量采取截排水措施防止雨水的入渗。

(2)不同坡度松散堆积体的力学变化特征

为研究软弱夹层滑坡的力学机制,在坡体的后缘和中部 20 cm 深处埋设了动态土压力传感器 S1 和 S2,在坡体前缘浅部 15 cm 处埋设了一个动态土压力传感器 S3,对全过程动态土压力进行监测,作出如图 4.12 所示的动态土压力变化特征图,从图中可以看出:

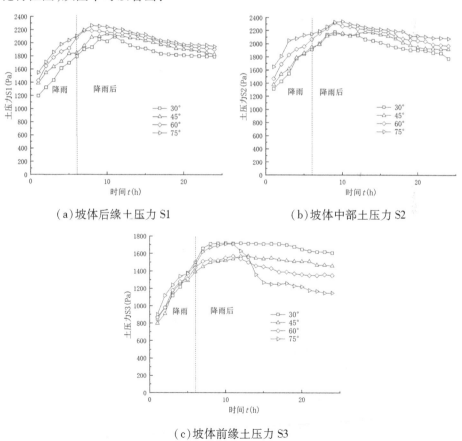

（a）坡体后缘土压力 S1 　　　　（b）坡体中部土压力 S2

（c）坡体前缘土压力 S3

图 4.12　不同坡度松散堆积体斜坡的土压力变化特征图

斜坡后缘深部的动态土压力随着降雨的进行逐渐增加,当降雨停止后,动态土压力仍然有一定幅度的增加,但监测约 9 h 后,土压力达到最高,随后逐渐降低。从图 4.12(a)曲线特征上看,土压力变化经历了陡—缓两个阶段,主要原因是降雨入渗增加了滑体的重力,当降雨停止后,由于雨水通过水平和垂直两个方向向临空面缓慢渗透,导致后缘的土压力缓慢降低。随着坡度的增加,含软弱夹层斜坡后缘 S1 传感器的土压力有所减小,即 $P_{30°} > P_{45°} > P_{60°} > P_{75°}$,主要原因是坡陡雨水流失较快且下渗水压力减低较慢。

松散堆积体中部的动态土压力同样存在上述规律,如图 4.12(b)所示,经历了先快后慢的两个变形阶段,最大土压力出现在 10 h 左右,是诱发滑坡发生的内在因素,可能跟雨水的渗透性能相关。S2 动态土压力的大小排列依次为 $P_{30°} > P_{45°} > P_{60°} > P_{75°}$,这些土压力与水压力共同作用可能是导致滑坡的重要成因。

图 4.12(c)所示为松散堆积体前缘浅表部土压力变化特征,该图揭示了在降雨 6 h 到雨后 4 h 左右土压力一下迅速增加,表明前缘的土体质量和水分重量之和一直在增加。而雨后 4 h 以后,斜坡土压力减少,其中 75°坡角的土压力减少最大,60°坡角的斜坡次之,说明堆积体前缘陡峭的斜坡,其坡脚容易发生崩塌破坏或形成剪出口,从而牵引斜坡中后缘堆积体发生变形破坏。

图 4.12 中斜坡体的三个部位的土压力变化既有共同的特征也有不同点,共同点是松散堆积体中后缘在降雨过程中土压力快速增长,而雨后土压力不断降低;不同点是同一基岩倾角顺层斜坡的坡度对不同位置土压力的变化影响有所不一,在降雨过程中,坡体前、中、后缘土压力增长较快;降雨后,坡体中、后缘土压力降速较慢,前缘降速较大,其中前缘土压力递减速度最快的是 75°坡角的斜坡,说明含软弱夹层的滑坡在降雨作用下土压力变化幅度最大的是后缘,其次是滑坡中部,最后是滑坡前缘。

(3)不同坡度松散堆积体的孔隙水压力变化特征

图 4.13 为同一降雨条件下不同坡度松散堆积体斜坡不同位置孔隙水压力的变化特征,一般假设浅层滑坡孔隙水压力为零,试验结果看出孔隙水压力在降雨过程中及降雨后具有如下特征:

图 4.13(a)所示为松散堆积体后缘浅层水压力变化特征图,该图表明模型后缘浅表岩土体的水压力的变化历史跟水流在垂向裂缝的渗透密切相关。降雨过程中,孔隙水压力由 0 Pa 迅速增长到 650 Pa 左右;降雨在 6 h 时停止后,孔

隙水压力随着水分迅速渗透,24 h 之后,模型后缘浅表 W1 传感器的孔隙水压力下降至 20~30 Pa。结合其受到土压力在降雨过程中也迅速增长的实际,导致斜坡后缘发生胀缩效应,形成了拉张裂缝。在相同降雨条件及历时条件下,后缘最大孔隙水压力的大小排列是 $P_{w75°} > P_{w30°} > P_{w45°} > P_{w60°}$。

图 4.13(b)为松散堆积体中部软弱夹层的孔隙水压力 W2 在降雨过程中均有一个陡升阶段,但在 6 h 降雨停止后,孔隙水压力并未停止上升,在持续 1~4 h 后仍有上升,表明降雨入渗到松散堆积体引起孔隙水压力的上升具有"滞后"效应。结合试验模型位移分析可以发现,在同一降雨历时条件下,坡度为 30°的斜坡模型滞后效应约 1 h,坡度为 60°的斜坡模型滞后时间约 4 h,表明滑坡中部拉张裂缝越大(坡角为 30°的中上部裂缝最大宽度 3.5 cm > 坡角为 45°的中上部裂缝 2.1 cm),裂缝垂直向下延伸的深度越深,越容易发生顺层突发性滑坡。在滑坡治理时应该注意松散堆积体中后缘裂缝及软弱夹层孔隙水压力的变化对松散堆积体变形破坏时效性的影响。

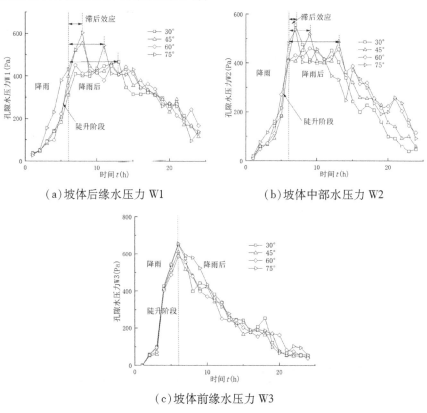

(a)坡体后缘水压力 W1　　　　(b)坡体中部水压力 W2

(c)坡体前缘水压力 W3

图 4.13　不同坡度松散堆积体的水压力变化特征图

图 4.13(c)为松散堆积体坡体前缘深部软弱夹层 W3 孔隙水压力的变化特征图,该图揭示了其变化规律与后缘软弱夹层的孔隙水压力 W1 变化规律类似,经历了上升—下降两个阶段,上升阶段的孔隙水压力变化速率较快,下降阶段的孔隙水压力下降速率较慢。同时,该曲线也表明,斜坡前缘松散堆积体中孔隙水压力存在滞后效应,滞后时间约为 4 ~ 7 h,比后缘软弱夹层里孔隙水压力滞后时间要长,但孔隙水压力会通过软弱滑动面(滑动带)流向坡体前缘,在前缘斜坡深部的软弱夹层"汇聚",使孔隙水压力迅速抬升,其中75°坡角的软基斜坡松散堆积体的孔隙水压力最高达到 544 Pa。这说明孔隙水压力对陡坡坡体前缘的稳定性非常不利,容易在松散堆积体中形成剪出口,应采取有效的排水措施来降低孔隙水压力。

(4)不同坡度松散堆积体斜坡的水分响应特征

为研究软基斜坡在降雨后的响应特征,我们在 4 个不同角度斜坡模型后缘深24 cm 处增设水分传感器,图 4.14 所示为该位置不同坡度斜坡的水分响应特征曲线,当降雨2.5 ~ 6 h 后达到饱和,其中饱和的时间先后顺序为: $T_{75°} > T_{60°} > T_{45°} > T_{30°}$。土体达到饱和的时间快慢与斜坡变形破坏的顺序基本一致,即饱和时间越短,后缘拉裂越快,这与实验现象比较吻合。饱和含水量最高的是30°坡度的斜坡,达到41.9%;其次为 45°坡度的斜坡,为 39.6%;再次为 60°坡度的松散堆积体斜坡,约为 37.7%;最后为 75°坡度的斜坡,为 37.5%。在降雨停止后,岩土体含水量随着水分的扩散逐渐降低,24 h 后,4 种坡体的含水量基本接近。

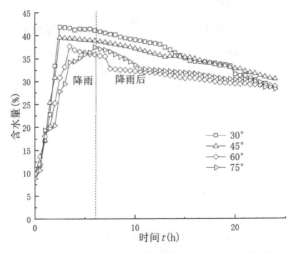

图 4.14　不同坡度松散堆积体含水量变化特征图

①根据降雨模拟结果,在相同降雨条件下,松散堆积体斜坡位移与土压力变化具有很好的相似性,30°坡体和45°坡体,滑坡多具蠕变型、推移式特点;60°和75°坡体,滑坡具有突变型、牵引式特点。

②根据降雨物理模拟结果,孔隙水压力降雨停止后仍然保持一定程度的增长,且其滞后效应与坡度具有负相关性,30°坡体孔隙水压力滞后时间较短,45°坡体次之,60°坡体滞后时间最长。其中软弱夹层的孔隙水压力上升及消散滞后时间更长,在降雨停止后形成汇聚顶托作用。

③试验结果表明松散堆积体斜坡受地形影响较大,不同坡角松散堆积体斜坡在同一降雨条件作用下,坡度越平缓,土体饱和的时间越短,滑体变形破坏越快。利用固定式双渗透降雨物理模型技术,可以准确分析不同坡度滑坡降雨试验过程。

④治理松散堆积体斜坡滑体时应注意加强后缘排水系统的设置,防止地表水沿着裂缝渗透;在坡体前缘应注意采取导水措施,防止地下水在软弱夹层集中饱和泥化,防止鼓胀作用。

第二节　修水县卢庄沟泥石流形成机制与动力特征分析

一、研究背景

鄱阳湖流域面积约 $16.22 \times 10^4 \ m^2$,包括"五江一湖"流域,即赣江、抚河、饶河、信河、修水五大河流及鄱阳湖,这些河流发育了近3700多条流域面积超过 $10 \ km^2$ 的支流。这些河流经过历史的演变形成构造完整的水流切割地貌,特别是在鄱阳湖盆地周边与山区接壤的中低山地区,地形地貌复杂,构造作用较强烈,极端降雨频繁,形成了众多崩滑流松散堆积体,为泥石流的发生提供了大量的物源,极易发生山洪泥石流灾害。仅2015年,鄱阳湖流域共发生地质灾害2480起,其中滑坡、崩塌、泥石流分别为1776、656、24起,因灾死亡12人,直接经济损失超过8500万元。位于赣北扬子台东南缘的修水县卢庄沟历史上曾经3次改道,属于"复活"泥石流,形成机制比较典型。

2011年6月10日,在局地短历时强降雨条件下,江西修水县卢庄村平石寺—黄龙山区域暴发了大型泥石流,冲出方量 $25.13 \times 10^4 \ m^3$,摧毁农田260亩,冲毁公路桥梁 3 座、人行桥 5 座、公路 5 公里、河堤 3 公里、水堰 26 座,损毁房屋 3 间,受损房屋 36 间,直接经济损失 1081 万元。

由崩滑松散堆积物及古泥石流、老泥石流冲洪积物作为物源补给、连续降雨或暴雨作为其诱发水动力条件的中低山暴雨型泥石流在鄱阳湖流域极为发育,且突发性强、危害性大,有效防治难度大。因此,我们以卢庄沟泥石流为例,研究鄱阳湖流域暴雨型泥石流的成因和特征,以期为该区域其他类似暴雨型泥石流的科学防治提供依据。

二、研究区概况

卢庄沟泥石流位于江西省与湖北省、湖南省交界的九江市修水县黄龙乡卢庄村黄龙山南东面沟谷,属于鄱阳湖流域的修水流域。泥石流支沟发育,呈树枝状,且分布不对称,这些支沟通常纵坡较大,流量较小,一旦发生极端天气,具有陡涨陡落的山溪性水流特征。该区属于深切割构造侵蚀中低山和低山丘陵地貌,区内最高山黄龙山高 1506 m,泥石流沟口位于邓坊,高程 310 m,相对高差 1196 m。罗家(500 m)以上沟域岸坡以陡坡地貌为主,一般坡度 35°~60°,岸坡植被发育较好。罗家(500 m)以下沟域两岸为相对平缓的种植地(见图 4.15)。

图 4.15　江西修水县卢庄沟泥石流航拍图

研究区出露地层为第四系泥石流堆积层、第四系残坡积层及燕山早期侵入岩。区内属亚热带季风性气候,温和湿润,四季分明。修水县年平均降水量为1628.9 mm(1990—2012 年统计),但平面分布差异较大,年内各季节降水量分配不均匀,每年 8 月至次年 2 月降水量为 570.9 mm,约占全年降水量的35.2%,3 月至 7 月降水量为 1049.1 mm,约占年总量的 64.8%。区内年平均气温 16.2 ℃~19.7 ℃,年最大日降水量为 221.8 mm,最大小时降水量为 73.5mm,历年的平均蒸发量为 1460.7 mm。

研究区属于我国东部新华夏系第二隆起带西部,淮阳山字形之南,处于九岭山—万洋山新华夏复式隆起带和赣北东西向构造带及九岭山北东向构造带的复合部位。区内岩层受老构造运动挤压变形,岩层中褶皱、褶曲等次生构造较为发育,致使岩石破碎,裂隙发育,为泥石流的发生提供了有利的地质条件。

据统计,鄱阳湖流域中低山及低山地貌面积约占江西省总面积的 21.80%,流域内自 20 世纪 50 年代以来发育的 3329 条泥石流主要分布在“五江一湖”流经的修水、庐山、武夷山中北段、罗霄山、九岭山及怀玉山等中低山区支沟两侧,给当地居民生命财产、生产及生活造成较大的威胁。流域两侧山体多为花岗岩化的堆积土,受沟谷冲刷作用,物源多为崩滑岩土体(约占 81.63%)。研究区沟槽多呈“V”形,谷坡坡度在 30°~70°,极有利于泥石流的发生。泥石流规模中型占 17.47%、小型占 80.32%,沟谷型泥石流约占总数的 52.57%。雨季(4—9 月)发生的泥石流约占总数的 97.78%,物质组成上稀性泥石流约占总数的 87.2%。2012 年 6 月暴发的卢庄沟泥石流具有典型中低山沟谷暴雨型泥石流特征,因此,选取卢庄沟泥石流作为研究对象具有较好的代表性。

三、鄱阳湖流域暴雨型泥石流的形成条件

根据灾后勘查,研究区平面上呈“圈椅状”,水系呈“树枝形”发育,叶脉状分叉多,易于汇水;地形上后缘到前缘由陡趋缓,卢庄村老泥石流沟第四系泥石流堆积层(Q_4^{sef})厚 2~15 m,具多期泥石流冲积的层理分布特征,是多发性泥石流(图 4.16)。

(1)形成区的基本特征

卢庄沟平石寺以上为泥石流的汇水区,平面形态呈叶脉状,呈“V”形河谷地貌。海拔高程从 850 m 到 1506 m,相对高差 656 m,汇水面积约 0.70 km²,地貌上属低山—中山,以构造作用为主,具有强烈的挤压变形作用及差异抬升作

图 4.16　卢庄沟泥石流照片(摄于 2016 年 5 月 5 日)

用。出露地层主要为灰白色二长花岗岩,受风化及构造裂隙影响,沟谷两岸岩体陡峻破碎,坡度为 $40° \sim 70°$;沟谷狭窄,主沟长 1. 34 km,纵坡降为 496. 9‰,沟道宽度为 5 ~ 10 m,支流较多。崩塌、滑坡较发育,约 $12. 03 \times 10^4$ m³ 的碎石、中—强风化孤石崩滑物堆积在沟谷两侧山坡上,为泥石流形成提供了丰富物源。

(2)流通区的基本特征

流通区由平石寺至卢庄村,高程 530 ~ 850 m,呈"U"形沟谷地貌。沟段长约 1. 53 km,相对高差 320 m,平均纵坡降 226. 7‰,面积约 4. 65 km²,地貌上属低山,以地垒式断块中山与地堑式丘陵、河谷盆地相间排列为主,具有强烈的河床揭底及河岸侵蚀冲刷作用。该沟段两岸岸坡渐缓,河道曲折,河宽 8 ~ 40 m,支沟不发育。受泥石流冲刷影响,该段沟域共发育 17 处漂砾石为主的泥石流堆积物和 16 处岸坡不稳定松散堆积体,总体积约为 $38. 33 \times 10^4$ m³,堆积体最厚达 10 m,也为泥石流形成提供了丰富物源。

(3)堆积区的基本特征

卢庄沟出山口罗家至官桥村的宽缓地段为泥石流堆积区,高程 310 ~ 530 m,该段受地堑式丘陵、河谷盆地相间排列影响,堆积并没有明显的扇形状,而是在河谷盆地沿线排列,宽 20 ~ 550 m 不等,长约 3400 m,面积约 1. 6 km²,平均纵坡降 64. 7‰;地貌上属低山丘陵区,以河道第四系泥石流堆积物(Q_4^{sef})为主,间杂残坡积物（Q^{el+dl}）。河道两侧上居民较多,泥石流发生后,堆积扇上大多数居民的房屋遭受一定的破坏,卢庄沟经多期堆积冲刷叠加后,目前堆积体沿卢庄村被推移至官桥村南西侧近山脚地段。据计算,该泥石流重度为 1.67 t/m³,属稀性泥石流（表4.5）。

表4.5　江西省修水县卢庄沟泥石流特征值

汇水面积 /km²	主沟长 /km	主沟平均坡降/‰	植被覆盖率 /%	两岸坡度 /°	d_{max} /m	固体物源 /万 m³	补给方式
10.85	6.2	192.9	70	30~70	1.4	86.89	冲刷

泥痕爬高 /m	泥石流重度/(t/m³)	泥石流流速/(m/s)	设计峰值流量5%/(m³/s)	校核峰值流量2%/(m³/s)	流体冲击力/(t/m²)	泥石流性质	泥石流类型
2.75~3.38	1.63	5.7~6.4	285.3	398.6	91.59	稀性	沟谷型

注:本表特征值为 2011 年 6 月 10 日泥石流发生后的调查值;泥石流重度根据现场取样和查表法综合确定。

四、卢庄沟泥石流的形成机制及动力特征

构造作用形成的崩滑堆积物是该大型泥石流触发的物质基础;突降暴雨及易于汇水地形为泥石流的形成提供动力及水源条件,是泥石流"复活"的主因;强有力的冲刷、淘蚀和爬坡能力是泥石流成灾的动力来源（见图4.17）。

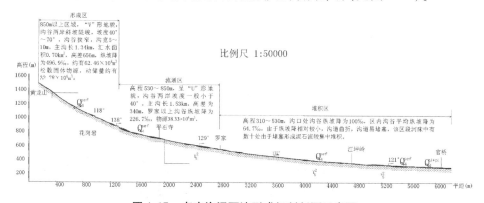

图4.17　卢庄沟泥石流形成机制剖面示意图

（1）碎裂岩石的风化与崩解反应

卢庄沟上游出露燕山早期全风化、强风化花岗岩,其主要成分有石英、长石、云母、角闪石等,它们通常占95%以上,其中5%为磷灰石、第四系泥质充填物等。受区内九岭山—万洋山造山运动的影响,山丘浅表部的花岗岩节理、裂缝较发育,使岩体呈块状、碎裂状,岩石风化强烈,具有泡水易软化、崩解的特

点,力学强度极低,最高的岩石单轴抗压强度仅为 3.6 MPa。这些花岗岩一旦风化、崩解,以砾质黏性土的形式堆积于坡脚,力学强度极低,遇水易软化、崩解,工程力学性质差;研究区共有此类崩滑堆积体 12 处,形成物源总量约 12.03×10^4 m³,可运移物源总量 8.68×10^4 万 m³,主要分布于平石寺以上沟道山坡处,为泥石流提供了主要的物源。

(2)雨水的汇聚与搬运作用

研究区位于赣北中低山区,沟域两侧汇水面积较大,沟谷岸坡较陡,支流较为发育,且常出现小气候环境内的局部性暴雨。据九江市气象局监测资料,2011 年 6 月 10 日研究区日最大降雨量为 182.2 mm,当月降雨量为 611.7 mm,其中 1 h 最大雨强为 91.9 mm。卢庄沟主沟上游有大坳沟等三条一级支流,平石寺以下依次又有中塅沟(左岸)、桥下垄沟(右岸)、太阳垄沟(右岸)等多条一级支流汇聚,呈树枝状水流向主干集中(见图 4.15)。

沟内常年平均水深约 0.3 ~ 1.2 m,上下游水位变化约 1 ~ 3 m。沟口处丰水期(4—9 月)流量 1.5 ~ 2.0 m³/s,20 年一遇洪峰流量为 12.8 m³/s;由于集雨面积 >7 km²、沟长 >6 km²、沟谷上陡(坡降 >496‰)的原因,洪水具有量大、峰高、历时短、水动力条件差异性明显的特点,这也为不同沟段的颗粒级配成果所验证。据勘查和室内试验,下游沟口段土石比为 13.1∶87.1,上游沟口段土石比为 2.2∶97.8,表明细小颗粒大部分被洪水带走。另外,上游平石寺老堆积扇总长度 300 m,前缘宽度达 70 m,堆积平均厚度 8 m 以上,方量达 15×10^4 m³;下游罗家老堆积扇总长度 300 m,前缘宽度达 130 m,堆积平均厚度 15 m 以上,方量达 50×10^4 m³,表明泥石流河道受曲折地形影响,搬运过程随地形变化,具有分段性特征,在平石寺和罗家平缓地段分段堆积,其余河段以薄层淤积为主(见图 4.18)。

(a)上游平石寺堆积区以碎石为主　　(b)下游罗家古泥石流碎石土堆积体

图 4.18　卢庄沟泥石流照片

五、卢庄沟泥石流的运动与动力特性

卢庄沟泥石流属于典型的中低山区沟谷型泥石流,由于上游以碎块状的花岗岩为主,颗粒粒径大,所以研究泥石流的运动及动力参数至关重要,其中流速、流量、冲击力、规模等参数决定了该区域泥石流的运动特征。为此,本书根据此沟"6·10"泥石流勘查实验数据,结合不同降雨量和地形资料,利用相关理论及公式对这些参数进行计算分析。

(1)泥石流的流速计算

根据形态调查表及实际地形地貌、气象资料,卢庄沟泥石流在不同剖面的动力学特征参数见表4.6。

表4.6   泥石流流速计算表

计算断面	汇水面积 (/km²)	平均泥深 (/m)	主道坡降 (‰)	泥沙修正系数	固体物质重度(t/m³)	平均流速 (m/s)
平石寺	0.72	2.2	538	0.688	2.65	5.9
罗 家	4.12	2.8	283	0.688	2.65	6.4
汪平岭	6.35	2.5	275	0.650	2.65	5.9
官桥村	8.20	2.5	232	0.650	2.65	5.8

从表4.6中可以看出,该泥石流流速受到地形影响,在平石寺沟口流速就达到5.9 m/s,在罗家得到沟口大坳沟、中塅沟、桥下垄沟、太阳垄沟处的补给,流速增大到最大值6.4 m/s,到下游汪平岭和官桥村受平缓地形影响,流速又逐渐降低。

(2)泥石流流量计算

根据泥石流历时 T 和泥石流流量 Q_c,因山区泥石流陡起陡降的特点,主要考虑一次暴发泥石流的总量,将其过程概化为"三角形",通过公式(4.2)计算泥石流的总量 W_c、公式(4.3)计算一次冲出固体物质的总量。

$$Q = 19TQ_c/72 \qquad (4.2)$$

$$Q_H = \frac{Q(\gamma_c - \gamma_w)}{(\gamma_H - \gamma_w)} \qquad (4.3)$$

式中:Q 为一次泥石流过程总量(m³);T 为泥石流历时(取5400 s);Q_c 为泥石流最大流量(m/s);Q_H 为一次泥石流冲出固体物质总量(m³);γ_c 为泥石流重度(取1.662 t/m³);γ_w 为水的重度(取1.0 t/m³);γ_H 为泥石流固体物质的重度

（取 2.65 t/m³）。据此,对不同断面的泥石流一次总量和固体物质冲出量进行预测(见表4.7)。

表4.7 卢庄沟官桥村断面泥石流暴发总量预测(m³/s)

设计频率 P/%	1	2	5	10	20
泥石流总量(/10⁴ m³)	30.24	25.13	23.08	18.16	11.25
固体物质总量(/10⁴ m³)	12.13	10.08	9.26	7.29	4.51

根据形成调查法和雨洪法比较分析,卢庄沟官桥村出口断面泥石流流量值与雨洪法 $P = 2\%$ 的流量计算结果相当,因此,泥石流峰值流量选取 10.08×10^4。对比"6·10"降雨量,从本次降雨时间(90 min)和雨量分析,表明此次降雨频率大致相当于 10 年一遇,但从泥石流最后形成规模(堆积物达 32.78×10^4 m³)看,上述预测明显偏小。其原因主要是在平缓地带,泥石流堆积体沿着河道堆积和淤积,还有一些古泥石流堆积体被冲刷淘蚀,但运移一段时间后在沿线淤积。

(3)泥石流冲击力及冲起高度

泥石流整体冲击力决定了碎石的起运、搬运和冲刷能力,因此,结合一次性流量、地形资料、沟道大小和泥石流规范计算公式,算出卢庄沟不同断面的设计流速、整体冲击力和单块最大冲击力,见表4.8。

表4.8 卢庄沟泥石流设计概率下的冲击力预测

断面	平石寺	罗家	汪平岭	官桥村
设计流速(m/s)	5.9	6.4	5.9	5.8
整体冲击力(kN/m²)	77.15	91.59	81.67	74.48
弯道超高高度(Δh/m)	1.53	1.67	1.35	1.32

从计算结果看,该沟泥石流冲击力最大是在罗家附近,到下游冲击力变小,实际调查中罗家附近沟道泥石流冲蚀切割深度为 1～3.5 m,远高于其他沟段,这与计算结果比较相符。

(4)泥石流复发性的危害与评价

研究区沟内目前固体物源储量超过 30×10^4 m³,相当于 2011 年卢庄沟泥石流固体物质冲出物的 3 倍,受强降雨和地形地貌、地层岩性的影响,泥石流仍有可能再次被激发,且激发泥石流的临界雨强可能降低。因此,结合卢庄沟河道的宽度、弯曲程度、汇流情况、汇水面积、松散物贮量、雨强及历时,综合判定卢庄沟泥石流为中高频泥石流。

根据泥石流活动危险区划分标准,结合泥石流危害对象造成的人员伤亡、财产损失和对当地社会经济的影响程度以及治理工程现状,将卢庄沟泥石流影响范围划分为 3 个区。极危险区:平石寺沟岸至罗家的古泥石流堆积扇,面积 2.08×10^4 m²。危险区:罗家以及官桥村的沟道两侧区域,面积 3.35×10^4 m²。影响区:处于极危险区与危险区相邻的地区,包括官桥村到下游沙塅村的广大区域,一旦遇到 20 年以上一遇的强降雨,有可能间接受到泥石流危害,面积 5.35×10^4 m²。

六、结论

(1)卢庄沟泥石流是受特大暴雨而诱发的沟谷型、低频率、稀性泥石流,目前正处于发展期(壮年期)。

(2)因构造作用和差异性地壳抬升作用导致卢庄沟崩塌、滑坡残积物及沟道古泥石流堆积物丰富,区内存在参与泥石流的固体物源达 32.78×10^4 m³,一旦遭遇强降雨,再次暴发泥石流的可能性极大。地形地貌上,卢庄沟具有鄱阳湖流域上游沟谷的典型特征,即地形呈圈椅状、支流呈叶脉状,汇水面积大,主沟坡降大,相对高差超过 800 m,易聚水,水动力条件足。

(3)卢庄沟沟口的泥石流流速最大超过 6.1 m/s,泥石流冲击力最高超过 900 kN/m²,导致此次泥石流冲毁了沟口大部分建筑物,危害了人民群众的生命财产安全。计算分析显示,卢庄沟一旦遇到 20 年一遇的强降雨,其影响范围更大,将危及下游官桥村小学及两侧水库的安全,因此建议:

加强对此泥石流沟的监测与治理,对黄龙山恢复植被、拦挡停淤、水石分治,使沟口农户搬迁避让,并在官桥村的沟谷左岸一侧设置混凝土挡土墙导流,引导水流或泥石流向下游排泄,并恢复沟口堆积扇的耕地,使山区有限的土地得到充分利用。

第三节　中低山台风暴雨型泥石流形成机制和动力特征

2014 年 7 月 24 日 2 时至 24 日 20 时期间,受第 10 号台风"麦德姆"登陆影响,九江市德安县境内发生强雷电暴雨,台风中心位于福建省三明市,在距离中心 420 km 的江西省德安县形成了持久少动的多个暴雨对流云团,导致德安县形成了极端降雨,日最大降雨量达 541.4 m,引发了德安县博阳河流域多处沟道暴发泥石流灾害。杜家沟位于德安县丰林镇,处于该次强降雨的暴雨中心。"7·24"灾害后,杜家沟泥石流一次冲出固体物体积约 0.67×10^4 m³,其中 0.37×10^4 m⁴ 泥石流物质来源于东侧支沟,冲毁杜家村房屋 11 栋,约 0.30×10^4 m³ 的泥石流物质来源于西侧支沟,损毁紫荆溪流域沟谷农田 154 亩,造成直接经济损失 360 万元。

在台风暴雨型泥石流形成机制和动力特征方面,国内外学者进行了大量的探索和研究。研究内容主要包括风险区划与评价、降雨阈值、活动特征等;研究方法主要包括野外调查、室内试验、物理模型试验、数值模拟等;研究对象多以具有代表性的泥石流案例进行深入剖析。例如,袁丽侠等通过野外调查、室内试验、理论计算对浙江乐清仙人坦台风暴雨型泥石流进行了致灾机理分析,探讨了浙江东南沿海台风影响区暴雨过程中阶段划分与地质条件及降雨量之间的相互关系;Yu 等综合考虑地形、地质、水力因素的泥石流模型,对台风"Toraji"引发的 43 个暴雨型泥石流进行形成机制分析,提出了一种具有有效累计降水量和最大小时降雨强度的归一化临界降雨因子;Sezaki 等研究了日本九州西海岸的台风暴雨型泥石流的降雨特征、地质与土壤力学,分析了台风暴雨型泥石流的形成机理;王一鸣和殷刊龙通过二维极限平衡分析模型对台风暴雨型泥石流进行变形破坏过程分析,提出了台风暴雨型泥石流的启动机制;Huang 等采用小时强度与持续时间(I-D)、小时强度与累积降雨量(I-R)和日降雨量与先发日降雨量(ADR)指数方法研究了泥石流形成的降雨阈值,指出仅凭经验降雨阈值不足以建立一个泥石流预测系统。以上的研究成果从不同角度研究了台风降雨型泥石流的形成机理与成灾特征。

本书以 2014 年 7 月 24 日杜家沟泥石流为典型案例,通过遥感解译、流域调查、灾后观测、理论计算的方法,对杜家沟泥石流形成机理进行探讨,开展损毁机制分析,并对成灾特征进行总结,为类似区域地质环境条件下的泥石流调查评价提供参考。

一、研究区概况

(1)地形地貌

杜家沟沟域内水系呈羽状分布,流域面积为 0.093 km^2。流域内最高点海拔 309 m,沟口海拔 80 m,相对高差约 229 m,总体地势为南西高、北东低。沟谷纵坡降中上游为 665‰,中下游为 217‰,加权平均纵坡降为 327.94‰。沟谷两侧山体相对高差 40～150 m,坡度 25°～45°,植被发育,以杉、竹及灌木为主。杜家沟沟谷长度 560 m。

杜家沟所在流域沿线发育众多中小型支沟泥石流。杜家沟泥石流位于紫荆村杜家组后缘,由东侧 1#支沟和西侧 2#支沟组成,两条支沟上游段均有数条槽状小水沟。受地质构造和地层岩性影响,杜家沟流域呈不对称分布,总体上东侧 1#支沟为主支沟,面积较大,坡度较陡,纵坡降多在 450‰以上,两岸岸坡较陡,通常在 35°以上,利于水流汇集。由于坡表存在崩塌、滑坡等不良地质现象,为泥石流发生提供了必要的物源条件。

(2)地层岩性

基岩地层主要为第四系泥石流堆积层、第四系残坡积层及寒武系中统杨柳岗组($\in_2^y$)灰白色、褐黄色灰岩、下统王音铺组($\in_1^w$)黄铁矿硅质页岩和灰黑色中厚层状灰岩,多数以全—强风化揭露。第四系地层遍布杜家沟流域,按成因类型可细分为第四系泥石流堆积层(Q_4^{sef})、残坡积层(Q^{el+dl})。其中泥石流堆积层(Q_4^{sef})主要分布于沟域沟床中及沟口堆积扇,一般由多级阶地组成,具有二元结构,厚 2.5～11.1 m 不等,一般厚 7～10 m。残坡积层(Q^{el+dl})遍布杜家沟域坡表,主要为灰岩原地风化的块状碎石土,厚度一般为 1.7～6.1 m,结构松散。研究区工程地质图见图 4.19。

(3)区域地质构造与地震

杜家沟位于我国东部江南台背斜与下扬子台向斜毗连的构造复合部位,彭山穹窿以南梓坊向斜东段南翼。受区内北东东向九江—靖安右旋走滑大断裂影响,滑坡东侧发育一条正断层,产状为 320°∠40°～70°。断层两边出露构造

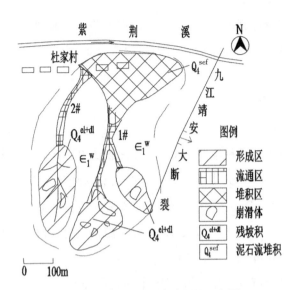

图 4.19　研究区工程地质平面示意图

角砾岩,硅化强烈,岩体破碎,风化严重,为泥石流提供了丰富的物源。

九江—靖安大断裂为郯庐大断裂的南延部分,受该断裂的影响,区内发育九江—安义断裂、湖口—新建断裂梓坊向斜、彭山穹窿等构造。其中梓坊向斜北接彭山穹窿,南部为中元古界双桥山群地层组成的基底褶皱,向斜槽部最新地层为志留系下统清水组下段,两翼由志留系下统殿背组—震旦系下统硐门组地层构成。所在区域新构造运动活动强烈,以间歇性强烈抬升运动为主,主要表现为河谷呈"V"字形,常表现在新生代地层发生断裂、褶皱。流域所在区域位于赣西北地震构造带上,据记载,1949—2003 年德安县境内共计发生大小 14次地震,地震基本烈度为Ⅵ度,地震动峰值加速度为 0.05 g。

(4)降雨及水文地质条件

研究区多年年平均降雨量 1422.0 mm(1959—2005 年),最大年份降雨量2110.7 mm(1998 年),最小年份降雨量仅 865.6 mm(1963 年),最大日降雨量为 1998 年的 176.2 mm,雨水多集中于 4—8 月份,全年占比为 60% 左右。2014年 7 月 24 日,受台风"麦德姆"的影响,凌晨 2 点至上午 9 点研究区降雨量就高达 357.8 mm,完全具备引发泥石流灾害的降雨条件。

杜家村沟域属于低山丘陵区,水土流失较少,植被较发育。区内地下水储存类型为基岩裂隙水,赋存于下部基岩裂隙中。研究区属地表分水岭地区,沟域内山坡较陡,支沟发育,上陡下缓,有利于地表降水的汇集。地下水补给类型以大气降水为主,沟域内排水条件较好,贮水条件相对变差,相对水量较贫乏。杜家沟泥石流常年流水,勘查期间水流量约为 0.3 m³/s,丰水期流量可达 1.2 ～ 2.0 m³/s,主要得到大气降水补给,流量受降水影响大,这些因素为泥石流的形成提供了有利的水源条件。

二、泥石流的发育特征

杜家沟泥石流在台风引起的强降雨诱发下,以中上游坡表松散残积坡崩滑为启动点,发生了冲刷淘蚀、汇聚堰塞、溃决冲沟、房屋损毁、河道淤积等一系列灾害链效应。根据杜家沟泥石流的地质背景条件和形成过程,可将泥石流分为形成区、流通区和堆积区,泥石流在各区域的基本特征和发展过程可通过图4.20 表示。

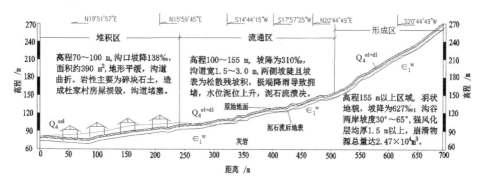

图 4.20　杜家沟 1#支沟泥石流形成发展剖面示意图

(1)形成区的基本特征

杜家沟内高程 155 m 以上为泥石流的形成区,区内支沟拉槽呈羽状分布,属于低山"V"字形线性拉槽地貌。其中 1#支沟形成区相对高差 154 m,主沟纵坡降约为 627‰,区内主沟长约 224 m;汇水面积约 6.58 × 10⁴ m²。2#支沟形成区相对高差 160 m,主沟坡降为 525‰,汇水面积约为 3.98 × 10⁴ m²。区内多见悬崖峭壁,沟谷两侧坡度为 30° ～ 65°。由于区内构造较为复杂,具有较强烈的褶皱变形和拉槽作用,出露顺向陡倾的灰白色、褐黄色灰岩($\in_2^y$)地层。受构造及风化作用影响,斜坡地表岩土体结构松散,强风层平均厚度 1.5 m 以上,多为碎块石黏土(见图 4.20)。两条支沟在形成区发育数处崩滑,形成了约 2.47 × 10⁴ m³ 的松散物源,为杜家沟泥石流的形成提供了约 80% 的物源(见表 4.9)。

表4.9　江西省德安县丰林镇杜家沟泥石流基本特征值

编号	汇水面积 /×10⁴ m²	沟长 /m	主沟纵坡降/‰	植被覆盖率/%	岸坡坡度 /°	最大粒径 /m	固体物源 /×10⁴ m³	补给方式
1#	6.58	746	271	72	15°~65°	2.5	2.63	冲刷—崩滑
2#	3.98	708	303	78	18°~70°	3.3	0.93	崩滑—崩滑

（2）流通区的基本特征

1#支沟流通区从上游各支沟汇聚处至杜家村后缘取水池,高程100~155 m,呈"V"字形沟谷地貌,沟窄而深,沟宽1.5~3.0 m,主沟长约275 m,纵坡降约310‰,相对高差约55 m;两侧斜坡较陡,坡度15°~35°,流域汇水面积约为3.58×10⁴ m²。2#支沟流通区高程85~155 m,也呈"V"字形沟谷地貌,沟宽约1.8~4.5 m,支沟较少,流域汇水面积约为4.19×10⁴ m²。两条支沟的流通区两岸斜坡地表结构破碎,发育有8处小型崩滑,为泥石流提供了约0.62×10⁴ m³的物源。

（3）堆积区的基本特征

堆积区主要位于杜家村后缘至村前紫荆溪的平缓部分,1#支沟和2#支沟分别从杜家村东侧和西侧绕过,由于泥石流在主沟堵塞溃决,泥石流由绕村而流改为穿村而过,造成村庄房屋受损。沟口海拔约为80 m。该段受泥石流淤积叠加作用,具有明显的堆积扇形状,钻探揭露泥石流堆积物最厚达15 m,主要岩性为碎块石土,偶见孤立巨石,表明杜家村是建立在一个老泥石流堆积扇之上。该区域1#支沟位于高程100~155 m之间,沟道曲折,损毁杜家村房屋8幢;2#支沟从村西穿越杜家村,损毁房屋3幢。"7·24"泥石流发生后,经计算其重度为1.87 t/m³,为黏性泥石流。

三、泥石流的形成机制和动力特征

台风暴雨型泥石流的主要诱因是台风引起的极端降雨。研究区遭遇的暴雨在有利的地形条件下迅速汇聚,为泥石流的形成提供水源和动力条件;而赋存于顺向斜坡上结构松散的残坡积(Q_4^{el+dl})为泥石流提供丰富物源;形成区陡峻的地形以及流通区狭窄的通道是造成泥石堵塞溃决的主要原因。

（1）台风降雨的水力作用

台风降雨诱发的泥石流灾害,往往通过地表径流对斜坡的冲刷侵蚀作用,引起水土的流失并向沟道汇聚。此外,降雨入渗会导致斜坡地下水位和土壤含水量激增,坡体浅表产生扬压作用,当孔隙水压力增加超过临界值时,坡体发生变形破坏,从而导致"即雨即滑"。这些崩滑体在流水作用下向低处搬运形成泥石流。据德安县气象台丰林镇(距杜家沟约 2.5 km)雨量观测站的监测资料,2014 年 7 月 24 日 02:00 开始降雨,日降雨量达 541.4mm,其中 1 小时最大雨强达 125 mm,创下研究区短时强降水历史纪录。强降雨在杜家沟清水区瞬时汇聚,冲刷斜坡表面松散岩土体和揭底沟道泥石流堆积物,形成巨大的流量和强水动力,在流通区"狭窄"沟道形成"束口"效应,在堵溃体(坝)势能激增的情况下,最终达到堰塞体(坝)极限平衡临界点,启动下滑形成黏性泥石流(见图4.21)。

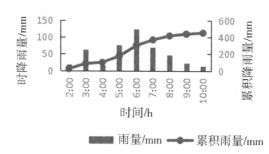

图 4.21　杜家沟流域 2014 年 7 月 24 日雨量分布图

杜家沟常年流水平均水量不大,主要为岩石裂隙水,枯水期沟口流量仅 0.1~0.5 m³/s,丰水期流量为 0.4~1.2 m³/s,而"7·24"泥石流期间沟口暴雨洪峰流量达 4.08 m³/s。杜家沟上游集水面积达 10.56×10⁴ m²,且由于主沟坡降达 627‰,杜家沟于 2014 年 7 月 24 日 9:10 暴发泥石流,持续时间仅为 30 min,峰值流量达 1.3 m³/s,一次冲出物源量 0.67×10⁴ m³。由图 4.21 可以看出,最大时降雨量出现在 2014 年 7 月 24 日上午 6:00,在暴雨时(7 月 24 日9:00),累积雨量超过 440 mm。因此,在台风降雨期间形成了量大、峰高、历时短、水动力条件充足的洪水,这也被沟口的颗粒级配成果所验证。据泥石流重度及颗分试验,杜家沟泥石流堆积体的土石比为 14.5:82.3,表明堆积体中存在大量的碎石、块石。此外,堆积区面积约 4.28×10⁴ m²,堆积体平均厚度约 3.0 m,方量约 12×10⁴ m³,也证明此次泥石流搬运过程中产生了巨大能量和冲击力。

(2)崩滑及沟道物源的启动与参与

区内主要岩性是灰岩,主要矿物成分为白云石、黏土矿物和碎屑矿物。参与"7·24"泥石流运动的杜家沟物源以早期崩滑残坡积为主(见图4.22e和图4.22f),其次为沟道泥石流堆积物(见图4.22c和图4.22d)。受区内断裂构造的影响,斜坡浅表的节理发育,在干湿循环效应影响下,岩土体热胀冷缩、碎裂化明显,力学性质差。启动点位于形成区后缘的小型崩滑点,这些崩滑堆积体结构松散,数量众多,启动迅速,黏性土含量较大。

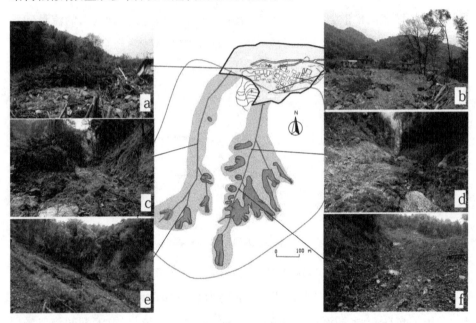

图4.22　杜家沟泥石流物源分布图

a.2#支沟堆积区　b.1#支沟堆积区　c.2#支沟流通区物源

d.1#支沟流通区物源　e.2#支沟形成区物源　f.1#支沟形成区物源

由图4.22可以看出,1#支沟的崩滑11处,崩滑面积大,数量多,是杜家沟泥石流的主要物源,其固体物源占泥石流总固体物源的73.88%;2#支沟的崩滑物源5处,崩滑面积数量均较小,其固体物源占26.12%。这些崩滑物源主要发生在形成区,而流通区参与泥石流的崩滑仅有1处。不同体积的固体物源对杜家村的冲毁及破坏情况也不一样,其中1#支沟泥石流直接对杜家村的建筑物进行了冲击和破坏,损毁建筑物10栋(图4.22b),而2#支沟泥石流仅冲击和破坏杜家村的1栋房屋。

(3)杜家沟泥石流的运动与动力特性

杜家沟泥石流的运动与动力既呈现出一般泥石流的共性,如形成区(清水区)汇水、水源动力充足和冲击力较大的特性等,也呈现出台风暴雨型泥石流的独有特征,如降雨短历时、主支沟交汇处雍高、运动速度较大、运动距离较短、爬高能力较强等特殊性。

①泥石流的流速计算

泥石流速度通常是通过对泥石流通道弯曲率半径进行主观估计或者通过泥石流爬高反演计算获得,或者通过适当的流变模型和材料特征输入的流动方程进行预测。本研究考虑沟谷暴发较大规模泥石流需较大的降雨量和强大的水动力条件,而雨量大的条件使流体性质偏于稀性,因此其流速采用稀性泥石流计算公式:

$$V_c = \frac{1}{\sqrt{\gamma_H \varphi + 1}} \frac{1}{n} H_c^{2/3} I_c^{1/5} \qquad (4.4)$$

式中:V_c 为泥石流流速(m/s);γ_H 为泥石流固体物质重度(t/m³),在沟谷下游沟口沟段,泥石流重度为 1.731 t/m³,为介于黏性泥石流与稀性泥石流之间的过渡性流体;φ 为泥石流泥沙修正系数;n 为泥石流沟床糙率系数,取0.100;H_c 为平均泥深(m);I_c 为泥位纵坡率,以沟道纵坡率代替。这些参数中,泥石流平均泥深主要依据本次泥石流的沟谷调查得到的平均泥深和断面平均宽度确定,泥石流固体重度采用经验值,泥沙修正系数、沟床糙率系数按《泥石流灾害防治工程勘查规范》(DZ/T 0220—2016)确定。

表4.10 断面泥石流流速计算表

计算位置	平均泥深(m)	沟道纵坡	泥沙修正系数	糙率系数	固体物质重度(t/m³)	断面平均流速(m/s)
1#支沟沟口	1.2	0.167	0.817	0.100	2.65	4.44
2#支沟沟口	1.1	0.156	0.817	0.100	2.65	4.42

从表4.10 中可以看出,两条支沟的沟口平均泥深、泥沙修正系数、糙率系数均接近,算出来的在沟口断面的平均流速1#支沟略大于2#支沟,说明两条支沟均对杜家村产生威胁。

②泥石流的流量

泥石流的流量计算通常可以采用经验法、解析法、流动路径法和数值方法等,根据台风暴雨型泥石流暴涨暴落的特点,本书选择经验法对流量进行计算。

$$Q = 0.264 T Q_c = K T Q_c \qquad (4.5)$$

式中:Q 为一次泥石流过程总量(m³);T 为泥石流历时(s);Q_c 为泥石流最

大流量(m^3/s)。

1#泥石流沟谷按雨洪法计算的泥石流峰值历史最大流量为 9.59 m^3/s,本次最大流量为 5.81 m^3/s;根据走访调查,结合本次泥石流特征,泥石流集中暴发按本次泥石流历时 90 分钟计算,即 $t=5400$ s;据此求得设计的泥石流冲出量为 $Q=1.37\times10^4\ m^3$,本次泥石流冲出量为 $Q=0.83\times10^4\ m^3$。

2#泥石流沟谷采用雨洪法求得历史最大泥石流峰值流量为 8.69 m^3/s,本次最大泥石流峰值流量为 4.99 m^3/s。根据走访调查,结合本次泥石流特征,泥石流集中暴发按本次泥石流历时 90 分钟计算,即 $t=5400$ s;据此求得设计的泥石流冲出量为 $Q=1.24\times10^4\ m^3$,本次泥石流冲出量为 $Q=0.71\times10^4\ m^3$。

③泥石流的冲击力和爬高

台风暴雨型泥石流通过高速运动的泥沙、碎石及树木等形成的巨大冲击力对下游的构筑物进行冲击和破坏,使建筑物发生损毁和破坏。此外,泥石流的冲击力和爬高还磨损和挤压两岸构筑物,淘蚀两岸形成二次崩滑,甚至造成人员伤亡。泥石流的冲击力和爬高可通过调查法、试验法和理论计算法来获得。由于本次泥石流房屋损毁较为严重,因此,结合调查法和理论计算法对泥石流的冲击力和爬高进行了分析,结果见图 4.23 及表 4.11。

(a)1#支沟沟口爬高及房屋冲毁情况　　　　(b)2#支沟沟口爬高及房屋冲毁情况

图 4.23　泥石流的爬高及房屋损毁情况

由图 4.23 及表 4.11 可知,1#支沟沟口整体冲击力约为 2#支沟沟口整体冲击力的2倍,且建筑物的受力面与泥石流冲压力方向的夹角几乎近于垂直,直接击穿 1#支沟沟口的房屋主体墙,在屋内淤积超过 1.6 m。2#支沟沟口的建筑物受力面与泥石流冲压力的夹角较小,故整体冲击力相对较弱,仅对墙体窗户造成破坏,虽然泥位爬高也超过 1.5 m,但墙体完好无损,如图 4.23(b)所示。

表 4.11　杜家沟泥石流的冲击力与爬高计算结果

计算位置	冲压方向角 $\alpha(°)$	形状系数 $\lambda(m)$	重度 (t/m^3)	流量 (m^3/s)	整体冲击压力 $\delta(Pa)$	爬高 (m)	冲起高度 (m)	弯道超高 (m)
1#支沟沟口	90	1.33	1.731	9.59	5.96	1.61	1.01	1.18
2#支沟沟口	30	1.33	1.731	8.69	2.98	1.54	1.00	1.02

四、结论与建议

(1)杜家沟泥石流是受到台风暴雨而诱发的低山沟谷型、低频和黏性泥石流。它以形成区崩滑体松散物率先起动,沿陡峻地表汇聚并在流通区狭窄渠道形成挤压堰塞,泥水位抬升后溃决下切拉槽、揭底冲刷,从而引起沟口建筑物损毁。台风引起的强降雨迅速汇水是泥石流发生的主要原因;1#支沟斜坡上赋存的松散崩滑体是泥石流的主要物源,其固体物源占物源总量的 73.88%。

(2)"7·24"杜家沟泥石流由两条支沟组成,其中 1#支沟泥石流是杜家沟泥石流的主体。虽然 1#支沟沟口平均流速与 2#沟口的平均流速接近相等,但由于 1#沟口建筑物的受力面与泥石流冲压力方向的夹角几乎近于垂直,而 2#沟口冲压方向角仅有 30°,其整体冲击力相差两倍左右,造成了泥石流在 1#沟口损毁大大超过了 2#沟口。

(3)杜家沟泥石流的动力特征较为典型,表现为后缘暴雨汇水、坡面土体崩滑、沟谷堵溃抬高、溃决加速冲刷、淹没冲毁下游等。杜家沟泥石流冲击破坏效应作用强烈,掩埋沟口房屋。由于全球气候变暖,台风暴雨时有发生,在沿海甚至内地的中低山地区,应特别加强这种规模不大,但数量众多,且危害大的泥石流防治研究。

第五章　基于 Voellmy 模型的冲沟型泥石流过程模拟

第一节　中低山冲沟型泥石流运动参数及过程模拟

一、前言

中低山冲沟型泥石流是我国最为频发的地质灾害之一,特别是在西南、华东、华南更为常见。2011 年 6 月 10 日,在局地短历时强降雨条件下,江西修水县卢庄村平石寺—黄龙山区域暴发了大型泥石流,冲出方量 $25.13 \times 10^4 \, \mathrm{m}^3$,摧毁农田 260 亩,冲毁公路桥梁 3 座、人行桥 5 座、公路 5 公里、河堤 3 公里、水堰 26 座,损毁房屋 3 间,受损房屋 36 间,直接经济损失 1081 万元。2016 年 5 月 8 日,福建省三明市泰宁县因强降雨暴发特大规模泥石流灾害,导致 36 人死亡失踪,直接摧毁 3 幢房屋和过沟公路、桥梁,造成严重损失。据统计,2018 年,全国 80% 以上的泥石流地质灾害发生在中低山地区。

为了更好地防灾减灾,自 20 世纪 60 年代开始,世界各国的政府部门、大学和科研机构对中低山地区冲沟型泥石流的形成机制进行了较为深入和系统的研究。研究结果表明,暴雨期间丰富的物源、充足的水动力条件是诱发绝大多数冲沟型泥石流的关键因素,但是降雨究竟是如何下切侵蚀和渗透冲蚀诱发泥石流的,它们与沟道坡降、下垫面的基底摩擦系数关系如何,却众说不一。如唐红梅(2004)等通过对冲沟型泥石流的地貌、物源和动力进行分析,提出冲沟型泥石流产生的地貌条件是长宽比小于 50,且具有较大面积的物源区、陡降的流通区和宽缓的沉积区,物质条件是存在大量的松散堆积物,动力条件是降雨累积量大和较大温差;Rickenmannt 等(2006)利用水流的历史数据对冲沟型泥石流三个 2D 模拟模型进行校准,再现泥石流冲积扇的沉积模式;Schraml 等(2015)通过利用快速岩土体运动系统(RAMMS-DF)和滑坡动力三维分析软件(DAN3D),对比分析了影响冲沟型泥石流的沉积模式及关系参数灵敏度;倪化勇（2015）利用降雨试验开展了冲沟型泥石流的形成机制研究，提出强降雨条件下，冲沟型泥石流主要表现为坡面汇流、冲沟径流、侵蚀垮塌、沟床揭底的变形破坏过程。

为了更好地分析冲沟型泥石流的运动过程，预测泥石流的运动距离和影响范围，诸多学者尝试采用 RAMMS-Debris flow、DAN3D、Massflow 等软件工具中的数值模型来估计其运动参数。其中 RAMMS 软件主要使用双参数的 Voellmy 摩擦模型来描述流动碎屑之间的摩擦行为，根据研究表明，Voellmy 摩擦模型可以准确地模拟泥石流的远程运动问题。为了校准 RAMMS 软件的 Voellmy 模型，通常需要参考记录良好的历史事件，并确定可以在后续分析中使用最佳的拟合参数集。此外，RAMMS 软件也可以将结果导出到 GIS，修正地形数据（包括先前建模的问题、结构性迁移措施等），增加屈服应力等附加参数，提高泥石流的预测效果。然而，这些研究尚未通过现实的泥石流来进行验证。冲沟型泥石流不同于坡面泥石流，由于其具有通道化，体积较大，流动深度较大，可能携带巨大颗粒和植物根系等特点，往往被认为是饱和的岩土体运动。

因此，我们将利用 2014 年在江西修水地区发生的黄龙乡平石寺泥石流原位监测数据作为模型，开展物理模型试验，并通过调整 RAMMS 中的 Voellmy 摩擦模型的相关参数，使数值模拟结果与实际监测结果和物理模型试验结果进行对比，分析中低山冲沟型泥石流摩擦系数的影响因素，为改进数值仿真模拟取值方法提出建议。

二、泥石流原型

（1）概况及地形地貌

平石寺泥石流位于江西省修水县黄龙乡卢庄村（东经 113°57′00″ ~ 113°58′48″，北纬 29°00′38″ ~ 29°02′20″）。整个泥石流流域高程从 310 m 到 1506 m，面积约 13.45 km²。位于修水县的雨量站（高程 1010 m）的数据显示，年平均降雨量为 1628.9 mm。据勘查资料，该泥石流流域经历了数百年的反复冲刷堆积，在沟口罗家揭露的老堆积扇平均厚度超过 15 m。记录最完好的泥石流事件发生在 2011 年 6 月 10 日，在邓坊沟口的扇形地形上沉积了约 25.13 × 10⁴ m³ 的泥石流堆积物，并流向下游黄龙水电站和官沙水电站，对罗家至官桥 5 个村庄 1600 多人、6 座桥梁及 150 多亩耕地（见图 5.1）的安全造成威胁。

图 5.1　泥石流现场调查照片(2013 年 6 月,左图为汇水区,右图为流通区)

　　卢庄沟域地形总体上属于深切割构造侵蚀低山和低山丘陵地貌,地势南高北低。形成区和流通区的坡降分别为 524.1‰和 211.6‰。平石寺以上为泥石流形成区,主要为 V 形的河谷地貌,两岸坡度 40°~70°,主沟长 1.18 km,汇水面积 0.70 km²;流通区主要为平石寺至罗家,长 1.53 km;堆积区为罗家至官桥一带,长约 3.4 km,主沟坡降 147.1‰。形成区是圈椅状的汇水地貌,岩性为全风化花岗岩、松散漂石;流通区主要为 U 形地貌,岩性为第四系泥石流堆积物(Q_4^{sef})、第四系残坡积(Q_4^{el+dl})等混合而成的粗碎屑混合物;沟口堆积区为宽谷平缓地貌,岩性主要为松散的第四系泥石流堆积层(Q_4^{sef})。

(2)演化过程

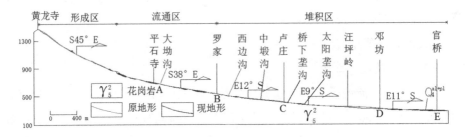

(a)泥石流剖面示意图

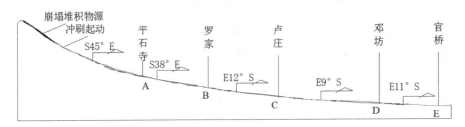

(b)泥石流起动(第一阶段)

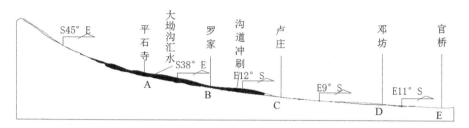

（c）泥石流起动冲刷（第二阶段）

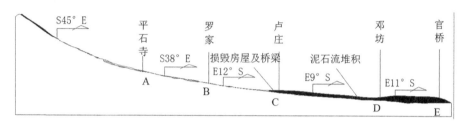

（d）泥石流堆积（第三阶段）

图 5.2　卢庄沟泥石流运动过程示意图

图 5.2 所示为泥石流主剖面示意图及演化过程图。由图 5.2（a）可以看出，泥石流整体分为三个区；图 5.2（b）表明，在形成区，由于暴雨在陡峻地形汇水，将平石寺以上卢庄沟沟源坡面松散崩滑堆积物裹挟而下，在罗家汇聚形成初步堆积；图 5.2（c）所示为泥石流在平石寺与大坳沟汇聚，泥石流流量与流速均迅速增加，将平石寺至罗家的沟道泥石流堆积物冲刷侵蚀，最大侵蚀深度达 3 m，最后携泥沙至下游；图 5.2（d）所示为泥石流运动到罗家后，地势变缓，泥石流沿着罗家村，过邓坊村，至卢庄、官桥一带沿沟道两线沉积。

（3）触发机制

卢庄沟泥石流位于新构造活动较为发育的新华夏系第二隆起带西部，新华夏复式隆起带和赣北东西向构造带及九岭山北东向构造带的复合部位，岩石结构破碎。山顶有方量约 10.1×10^4 m³ 的采石场碎石堆积体，开采矿石造成了约 4×10^4 m² 植被破坏，使裸露岩土体在风化作用下更加破碎，增加了泥石流的物源。此外，泥石流的岩性主要为易被风化的花岗岩，在物源区形成了丰富的球状风化孤石和漂卵石，为泥石流的发生提供了物源。

2011 年 6 月 10 日卢庄沟地区降大暴雨，当日降水量 182.2 mm，1 h 最大降雨量91.9 mm。在暴雨作用下,沟域内的水流量较大,泥石流被稀释,其重度降低,而流量总体上从上游向下游逐步增大,冲刷能力增强,并将沟域岸坡及沟底的堆积物带向下游,该泥石流为水石型稀性泥石流。

此外,沟域内地形陡峻,沟谷纵坡大多为水源和石块的汇聚提供了有利的地形地貌条件,暴雨发生后沟源岩土体较大规模崩滑产生大量松散岩体,沿陡峭坡面滚落至沟道,早期泥石流堆积物主要分布在沟域中上游沟底及老堆积扇中。上述堆积物为泥石流的发生提供了丰富的松散固体物源,而暴雨则是泥石流形成的主要引发因素。最终,导致泥石流一次性冲出量约 25.13×10^4 m³,邓坊沟口泥石流洪峰量 398.6 m³/s,规模属大型泥石流。

三、摩擦关系和 Voellmy 理论

本研究中的数值模拟工具采用瑞士联邦理工学院开发的 RAMMS-DF 软件。该软件使用等效流体概念(Hungr,1995),假设流动介质的密度和压缩性不变,该工具使用双参数的 Voellmy 摩擦模型来描述泥石流堆积物之间的摩擦行为。该模型可以准确地模拟泥石流物质的高速远程运动问题。为了校准 RAMMS 软件的 Voellmy 模型,通常需要参考记录良好的历史事件,并确定可以在后续分析中使用最佳的拟合参数集。此外,RAMMS 软件也可以将结果导出到 GIS,修正地形数据(包括先前建模的问题、结构性迁移措施等),从而帮助工程师们评估先前流动的影响,预测将来碎屑流的流动。

在连续介质理论中,泥石流可以用流体高度 H 和平均流速 U 两个参数表示,关系式如下:

$$u = \sqrt{u_x^2 + u_y^2}, n_u = \frac{1}{u}(u_x, u_y)^T \qquad (5.1)$$

其中: u_x 为碎屑流沿 X 轴的流速分量, u_y 为碎屑流沿 Y 轴的流速分量, T 为碎屑流平均流速矩阵的转置,单位向量 n_u 表示液体流速的方向。

1. 摩擦参数(μ、ξ)

Voellmy 流变模型的摩擦阻力由 μ 和 ξ 两个参数共同控制:

干摩擦系数 μ:基底摩擦(库仑摩擦力),与正应力 N 有关,通常表示为内部剪切角的正切值。

黏滞/湍流系数 ξ:内部摩擦(黏性湍流摩擦力),与速度的平方 μ^2 有关。

摩擦阻力 $S(\mathrm{Pa})$ 的计算公式为：

$$S = \mu N + \frac{\rho g u^2}{\xi}, \ N = \rho h g \cos(\varphi) \tag{5.2}$$

其中：ρ 为密度，g 是重力加速度，φ 是倾斜角，h 是流动高度，$u = (u_x, u_y)^T$。

摩擦参数对碎屑流运动演变进程有直接影响。当流动快停止时，μ 起主导作用；当流速很快时，ξ 起主导作用。

2. 摩擦参数（μ 和 ξ）的确定

Voellmy 摩擦模型将碎屑流看成单相模型（见图 5.3），将所有材料作为一个整体流，不区分出流体和固相物质。但实际上泥石流材料的组成十分复杂，使用 RAMMS 模拟泥石流运动的最大难点在于选取适当的摩擦参数 μ 和 ξ，使其能够较好地模拟当地泥石流材料之间的摩擦阻力。因此，摩擦参数的选择及校正是 RAMMS 数值模拟的关键。摩擦参数 μ 和 ξ 的取值对数值模拟结果影响明显。摩擦参数的取值及校正工作必须综合考虑模型试验现场泥石流冲刷过程中的运动特性，结合野外监测数据、现场拍摄的影像材料、泥石流最终致灾范围，预估或测量泥石流流速、沉积高度、堆积分布、流速、流动路径、材料的组成成分，有效结合当地工程实际情况对摩擦参数 μ 和 ξ 进行校正。

Voellmy 理论针对不同岩土材料采用不同的摩擦参数，分析中采用的摩擦参数在空间和时间上是恒定的。将碎屑流表述为单相均质混合物，建立流体深度平衡方程为：

$$\partial_t (H U_x) + \partial \left[H U_x^2 + \frac{g_2 H^2}{2} \right] + \partial (H U_x U_y) = G_x - S_x \tag{5.3}$$

$$\partial_t (H U_y) + \partial_y \left[H U_y^2 + \frac{g_2 H^2}{2} \right] + \partial_x (H U_x U_y) = G_y - S_y \tag{5.4}$$

其中，重力场 $G_j = g_j H$，

摩擦力关系式：

$$S_j = n_{uj} \left[\mu g_2 H + \frac{g U^2}{\xi} \right] \tag{5.5}$$

由上述公式可推出 Voellmy 流变公式为：

$$\frac{d(U h)}{dt} = (z \cdot n) n h - k(\nabla h) h - \left[\mu(z \cdot n) h + \frac{1}{\xi} U^2 \right] S \tag{5.6}$$

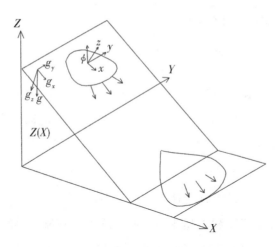

图 5.3　Voellmy 模型

3. 参数设置

（1）设置方法

RAMMS 前处理直接影响泥石流数值模拟结果的准确性，主要包括确定计算域和释放区、释放方式、数字高程模型、摩擦参数的取值及校正。创建泥石流流域的数字高程模型（DEM）和摩擦参数取值是整个模型数值分析的首要工作。

采用 RAMMS 对泥石流进行数值分析，用于建模的地形数据是数字高程模型（digital elevation model, DEM）。DEM 文件是数值模拟前处理工作中最重要的输入数据，该文件能够准确反映泥石流的重要地形特征。泥石流的 DEM 模型生成过程如图 5.4(a) 所示，对泥石流的勘查地貌数据进行提取和转换，基于 ArcGIS 平台依次生成研究区域的 shape 文件、三角网文件和栅格文件，最后对栅格文件进行 ASCII 提取，生成复杂地形条件下的泥石流研究区域的 DEM 文件，如图 5.4(b) 所示。

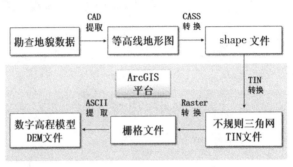

（a）

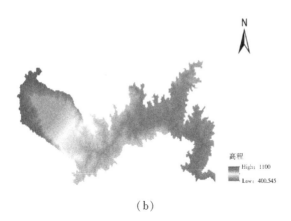

（b）

图 5.4 复杂 DEM 生成过程（a）和泥石流 DEM 模型（b）

为了分析泥石流和滑坡对下游的影响，本次泥石流数值模拟采用块体释放的方式定义泥石流体积，建模时导入泥石流 shape 文件，定义泥石流堆积体释放区域的物源总体积。

（2）参数校正

通过现场流槽试验与数值模拟对比，综合考虑下泄泥石流的流量变化、沉积范围，对比监测点的最终沉积高度，拟合校准数值模拟的摩擦参数。流槽物理模型如图 5.5 所示，模型几何尺寸为 50 m×0.6 m×3 m（长×宽×高），其中释放区几何尺寸为 1.6 m×0.6 m×0.5 m（长×宽×高），坡度为 40°，释放区物源体积为 0.55 m³。使用泥石流 DEM 文件的生成方法，按照流槽实际尺寸生成数值模拟模型。

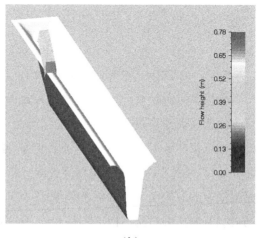

（a）   （b）

图 5.5 现场流槽模型试验（a）和流槽数值模拟模型图（b）

①$t=1$ s,泥石流沉积高度及断面流量变化

如图5.6所示,$t=1$ s时泥石流的沉积高度变化表现为两边小、中间大,中部的流石流沉积高度最大,约为0.73 m,两侧的泥石流沉积较少,约为0.11 m。断面处的流量体积为0.15 m³。

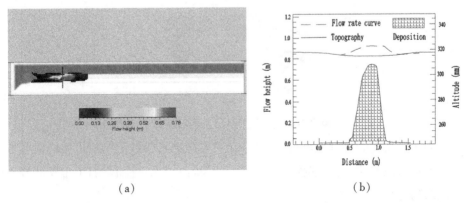

（a）　　　　　　　　　　　（b）

图5.6　流槽截面沉积高度变化图($t=1$ s)(a)和流槽截面流量变化图($t=1$ s)(b)

②$t=2$ s,泥石流沉积高度及截面流量变化

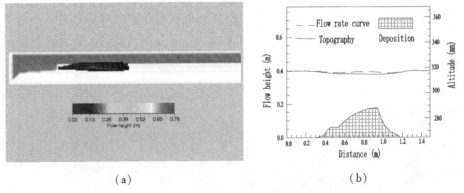

（a）　　　　　　　　　　　（b）

图5.7　流槽截面沉积高度变化图($t=2$ s)(a)和流槽截面流量变化图($t=2$ s)(b)

如图5.7所示,$t=2$ s时流槽模拟试验基本结束。流槽中泥石流的沉积高度变化依然表现为两边小、中间大,中部的泥石流沉积高度约为0.24 m,两侧的泥石流沉积高度约为0.06 m。泥石流基本从截面处流过,截面处流量体积为0.02 m³。经过多次试验参数结果校准分析,结合现场流槽试验测量结果,在流槽槽底中部取间隔为0.5 m的监测点 A、B、C,分析泥石流沉积高度变化情况,与现场监测结果对比,对 RAMMS 的摩擦参数进行校正,最终确定泥石流的数值模拟参数:干摩擦系数 $\mu=0.07$,黏滞/湍流系数 $\xi=1700$。

表 5.1　监测点沉积高度对比

监测点	A	B	C
现场监测(m)	0.68	0.35	0.25
数值模拟(m)	0.73	0.37	0.21

由上表可知,监测点的流量变化趋势大致相同,泥石流的沉积高度逐渐减少(A > B > C)。在 $t = 0 \sim 1$ s 范围内,释放区的泥石流依次经过 3 个监测点,监测点处泥石流的沉积高度急剧增加。$t = 1$ s 时监测点 A、B、C 的流量达到最大值,分别为 0.725 m、0.374 m、0.209 m。在 $t = 1 \sim 2$ s 范围内,泥石流向监测点下游运动,监测点处的泥石流流量急剧下降,3 个监测点处的泥石流沉积高度较小。在 $t = 2 \sim 10$ s 范围内,监测点处的泥石流沉积高度基本没有变化。

现场流槽模型试验监测点的流量变化最大值分别为监测点 A(0.813)、监测点 B(0.359)、监测点 C(0.256)。将数值模拟得到的监测点流量变化结果与现场实验结果对比,发现数值模拟结果比实际流量监测结果略小,但流量变化趋势和沉积高度大小基本一致。

(3)计算参数

图 5.8　泥石流 DEM 模型(计算域、释放区)

通过复杂三维数字地形模型生成技术,将地形图导入 CASS 和 ARCIS 进行转换分析,得到数字高程信息模型 DEM,其中"L"形区域是包含重要地形信息的计算区域,条形区域为本次泥石流运动的释放区域,释放区松散堆积体变形破坏深度为 5.4 m,体积约为 1.14×10^5 m³。RAMMS 设定的碎屑流运动停止机制基于动量守恒,当所有节点单元的动量小于最大值的 5% 时,默认运动停止。

根据流槽试验得到的数值模拟校验参数,获得该泥石流原型碎屑流模型的模拟参数(见表 5.2)。

表 5.2　计算参数及项目信息表

摩擦参数		数值参数	
摩擦系数 μ	0.070	释放区深度	5.40 m
滑动系数 ξ	1500.00 m/s^2	平均坡度	33.72°
模拟参数		海拔	1506 m
模拟结束时间	14600 s	数值求解器	二阶精度
动画转储间隔	5 s(定义动画帧数)	曲率	1
模拟停止原因	低通量平衡	释放区体积	254531 m^3
实际模拟时间	15780.00 s	整体最大速度	38.3477 m/s
分辨率	2 m(高分辨率)	整体最大沉积高度	12.63 m
单元数/节点数	1334514/1338190	整体最大水头压力	2573.46 kPa

4.计算结果

(1)地表变形分析

基于 Voellmy 碎屑流运动理论,通过快速物质运动仿真平台(RAMMS 3D)对泥石流模型试验对应的原型工程进行三维数值模拟,模拟泥石流暴发的过程,再导出可视化结果,如泥石流沉积高度、流动速度、流动压力、流动动量、最大值、摩擦参数等,从而研究泥石流运动进程及其演进规律。

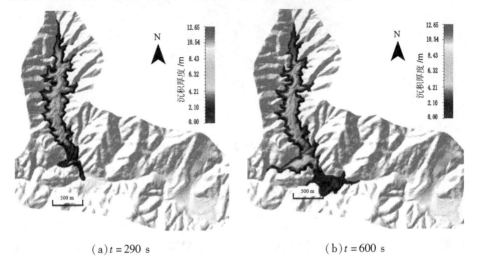

(a)$t=290$ s　　　　　　　　　　(b)$t=600$ s

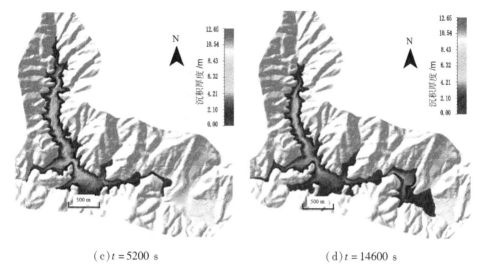

（c）$t = 5200$ s   （d）$t = 14600$ s

图 5.9　泥石流沉积厚度

　　泥石流运动初始阶段 $t = 290$ s 时，泥石流向卢庄沟中部地势低洼处汇聚，并快速向平石寺流动。如图 5.9（a）所示，泥石流流至平石寺上游位置，整体呈流线型分布，主要沉积于卢庄沟主沟道，此时最大沉积高度为 $H_{max} = 8.73$ m。

　　当 $t = 600$ s 时，泥石流流经平石寺后，部分泥石流沿着地形沟谷向罗家流动，此时最大沉积高度为 $H_{max} = 6.81$ m，与泥石流运动初期相比，沉积深度随着沉积范围的增加而减少，如图 5.9（b）所示，至大坳沟汇聚处的沉积高度略高，这反映出 Y 字形汇水低洼处泥石流沉积较厚。

　　当 $t = 5200$ s 时，泥石流流经罗家村下游至卢庄村之间的 U 形沟谷，到达卢庄村前的平缓位置。如图 5.9（c）所示，随着泥石流运动距离的增长，流经面积扩大，卢庄村以上区域内泥石流沉积深度逐渐减少，最大沉积高度 $H_{max} = 5.45$ m。此时，卢庄村附近的泥石流沉积高度进一步增加，部分房屋和农田被破坏。

　　当 $t = 14600$ s 时，泥石流运动结束，最终沉积高度分布如图 5.9（d）所示，泥石流最终流至官桥，村庄部分房屋受到泥石流影响，最大沉积高度 $H_{max} = 4.79$ m。下游沉积的泥石流总体积约为 1.33×10^5 m³，与现场调查试验中泥石流的运移量基本一致。

　　随着时间增加，上游泥石流高速向下滑动，上游泥石流的沉积深度随时间增加而递减。泥石流逐渐向中下游运动，中下游泥石流的沉积深度不断增长，最终泥石流主要堆积在下游区域，数值模拟与模型试验分析结果基本一致。

（2）流动速度分析

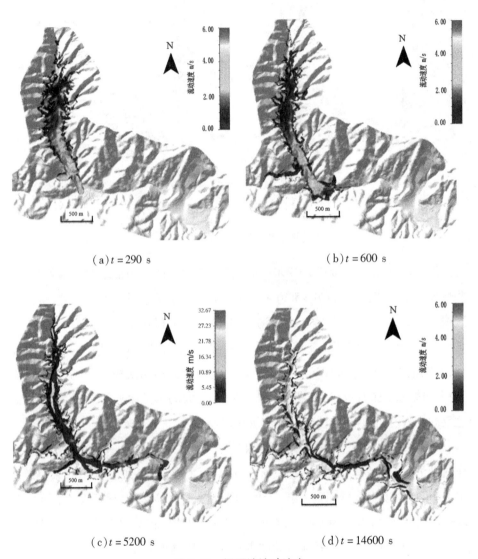

（a）$t = 290$ s

（b）$t = 600$ s

（c）$t = 5200$ s

（d）$t = 14600$ s

图 5.10 泥石流流动速度

图 5.10（a）为在泥石流暴发初期,泥石流的流速随时间变化很大,即 $t = 290$ s 时,泥石流流速很大,速度呈现下大上小的趋势,与大坳沟交汇处的泥石流流速最大,$V_{max} = 5.69$ m/s。

图 5.10（b）为 $t = 600$ s 时,泥石流由平石寺至罗家村,此时流速依然很大,$V_{max} = 5.41$ m/s。速度沿着山坡谷底呈长条形分布。

图 5.10(c)为 $t = 5200$ s 时,泥石流由卢庄村流至邓坊上游地形收口处,此时泥石流流速已经降低,泥石流上游的运动已经接近停止,但向邓坊下游推进的前部泥石流的流速依然很大,$V_{max} = 5.23$ m/s,这说明泥石流仍在高速向下游推进。

图 5.10(d)为 $t = 14600$ s 时,整个泥石流运动基本停止,此时除了主沟下游局部地形收口位置处的泥石流流速很大,$V_{max} = 4.21$ m/s,泥石流仍在缓慢地向下游流动、向沉积区域两侧扩散。

通过以上分析可知,在运动初期($t \leq 290$ s),泥石流向下游的运移速度很快,沿着山坡向下游动。泥石流在向下游前进的过程中流速非常快,这反映出运动过程中的势能向动能转换,形成了巨大冲击力。在运动中后期(600 s $\leq t \leq 14600$ s),局部泥石流流速很快,但整体流速下降,这反映出泥石流的动能已经基本被耗尽,随着泥石流速度不断降低,运动逐渐停止。

(3)关键截面分析

在泥石流区中下游布置监测截面和敏感点,分析关键截面及敏感点处的泥石流最终沉积高度分布。数值模拟监测断面的布置位置与物理模型基本一致,共设置 5 处:1#平石寺;2#罗家村;3#卢庄村;4#邓坊村上游最后一处地形收口位置;5#紧邻官桥村上游位置。由图 5.11 可知,泥石流厚度最大为 12 m,在平石寺下游的主沟与大坳沟交汇的水池处。

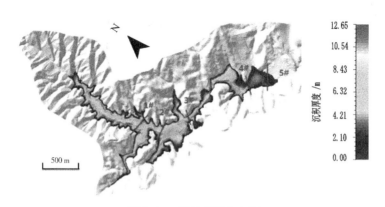

图 5.11 关键截面分布图

①1#截面:平石寺

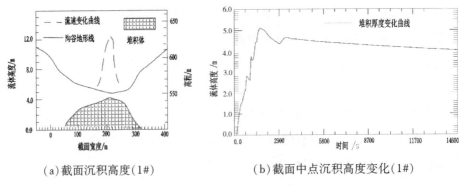

(a) 截面沉积高度(1#) 　　　(b) 截面中点沉积高度变化(1#)

图 5.12　1#截面沉积厚度

图 5.12(a)为该截面的线流量变化图,图中实线为 1#截面平石寺的地形轮廓,虚线为泥石流运动结束时刻 1#截面流量变化轮廓曲线。该截面泥石流的最终流量为 3236.8 m³,填充区域为该截面最终的沉积高度变化。由图可知,1#截面泥石流沉积高度最大值为 4.1 m,该截面泥石流的沉积高度和流量变化呈现出中间沟谷处高,两边地势较高的区域低。

1#截面中点处的泥石流沉积高度变化如图 5.12(b)所示,在泥石流运动初期,1#测量截面中点处的泥石流沉积高度迅速增加,在 $t = 2260$ s 左右达到最大值。这反映出泥石流运动初期动能大、动能消散迅速的特点,暴发初期泥石流迅速向下运移,通过 1#截面(平石寺)的泥石流流量越来越多,在 $t = 1510$ s 时,泥石流主要沉积于平石寺沟口位置。在 $t = 1510 \sim 14600$ s 这段时间内,平石寺沟口处的泥石流沉积高度逐渐变小,这说明泥石流迅速向沟口下游推进,该截面处的泥石流动能迅速消散,该区域的泥石流推进缓慢,泥石流逐渐在该区域沉积,最终 1#截面平石寺沟口处的最大沉积高度为 4.1 m。

②2#截面:罗家村

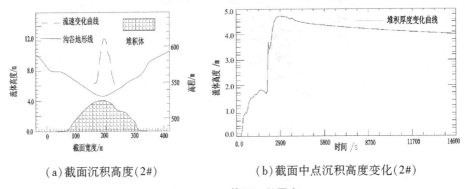

(a) 截面沉积高度(2#) 　　　(b) 截面中点沉积高度变化(2#)

图 5.13　2#截面沉积厚度

由图5.13(a)可知,罗家村上游地势高低差别较大,中部低洼处最低高程约为531 m。该截面泥石流的流量变化趋势与1#截面大致相同,最终流量值为4841.3 m³,卢庄村上游泥石流沉积高度最大值为4.08 m。

由图5.13(b)可知,通过截面中点的线流量图变化可知,在 $t < 290$ s 这段时间内,该点无流量变化,说明 $t = 290$ s 时,泥石流从平石寺快速运动至罗家村。在 $t = 290$ s ~ 1510 s 这段时间内,泥石流的沉积高度增长至1.8 m,之后泥石流沉积高度略有下降。从图分析可知,$t = 1510$ s 时,1#截面处泥石流的沉积高度达到最大值,这反映出主沟与支沟汇聚后具有一定的累积作用。在 $t = 1510$ s ~ 3100 s 这段时间内,2#截面处的沉积高度迅速上升,并在 $t = 3100$ s 左右达到最大值 $H_{max} = 4.08$ m,说明此刻泥石流主要流至卢庄村上游。在 $t = 200$ s ~ 1000 s 这段时间内,该区域泥石流的沉积高度从4.08 m 逐渐降低至4.0 m。在 $t > 200$ s 这段时间内,泥石流开始向卢庄村下游运动,在该区域的剩余泥石流开始沉积,流速缓慢,卢庄村房屋部分被淹没。

③3#截面:卢庄村

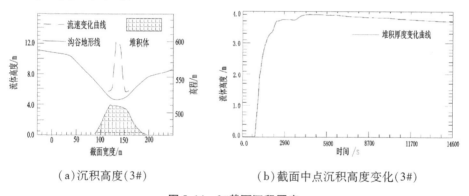

(a)沉积高度(3#)　　　　　　(b)截面中点沉积高度变化(3#)

图5.14　3#截面沉积厚度

3#截面处的地形轮廓如图5.14所示,截面两侧的地势高度不同,左岸略高于右岸,谷底狭窄,是卢庄村下游第一处地形收口。该截面的泥石流流量为3061.1 m³,最终沉积高度为3.86 m。

由图5.14可知,$t = 600$ s 时,泥石流流至卢庄村下游,从卢庄村上游流至下游用了600 s 的时间,与运动初期相比,泥石流的流速逐渐降低,这说明卢庄的房屋及天然地形(地形收口)消耗了泥石流的动能,使泥石流的流速明显降低。在 $t = 600$ s ~ 1600 s 这段时间内,泥石流在该段时间内快速流经3#地形收口位置,继续向下游推进,截面泥石流沉积高度从0 m 迅速增加至37 m。在 $t = 1600$

s~4060 s 这段时间内,该截面泥石流的沉积高度基本没有变化,这反映出泥石流穿过该处地形收口,向卢庄沟下游快速流动,剩余部分动能较少的泥石流开始沉积。在 $t = 250\ s \sim 450\ s$ 这段时间内,该截面处的泥石流沉积高度略有增加,从 3.7 m 增加至 3.86 m,也反映出地形收口对泥石流的推进具有一定的阻碍作用。在 $t = 4060\ s \sim 14600\ s$ 这段时间内,该截面中点处的泥石流沉积高度从 3.86 m 降至 3.7 m,这说明 3#地形收口位置处泥石流沉积高度基本不变,该区域泥石流运动基本停止。

④4#截面:邓坊村上游最后一处地形收口位置

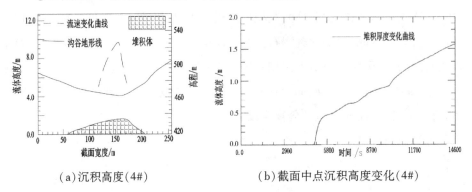

(a)沉积高度(4#)　　　　(b)截面中点沉积高度变化(4#)

图 5.15　4#截面沉积厚度

4#地形收口与3#相比,地势较为平坦,该截面泥石流的最大沉积高度为 1.53 m,运动结束时 4#截面泥石流流量为 1516.1 m^3。$t = 5200\ s$ 时,泥石流流至邓坊村上游最后一处地形收口位置;在 $t = 5200\ s \sim 5700\ s$ 这段时间内,该截面泥石流的沉积高度从 0 m 迅速增加至 4.5 m 左右,这说明泥石流在这段时间内开始流经邓坊村上游。在 $t = 5700\ s \sim 14600\ s$ 这段时间内,4#截面的泥石流沉积高度从 0.45 m 匀速增长至 1.59 m。与 1#—3#截面相比,4#截面泥石流的最终沉积高度与截面流量都大大降低,这反映出泥石流从物源区流至邓坊村上游的过程中大部分动能已经耗散,多数泥石流在向下游推进的过程中沉积,泥石流流至邓坊村上游时的泥石流运动已经快要结束(图 5.15)。

⑤5#截面:紧邻官桥村上游位置

泥石流流至官桥村上游区域时,泥石流运动基本结束。在泥石流运动结束时刻该截面的泥石流流量为 329 m^3,最大沉积高度为 1.33 m。泥石流在 $t = 8100\ s$ 时流至官桥村上游,在 $t = 8100\ s \sim 14600\ s$ 这段时间内,该截面泥石流的沉积高度从 0 m 增加至 1.33 m(见图 5.16)。

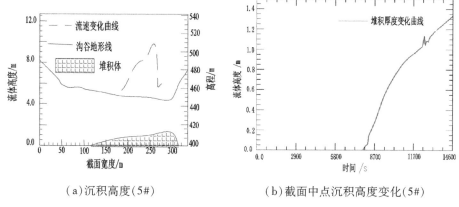

（a）沉积高度（5#）　　　　　　　　（b）截面中点沉积高度变化（5#）

图 5.16　5#截面沉积厚度

四、讨论

通过现场泥石流调查,查明了泥石流的运动速度、堆积厚度等关键参数,并且对泥石流的颗粒组成进行了现场试验。利用现场调查、室内实验数据与 RAMMS 数值模拟数据进行对比分析,将试验结果按照相似准则引申至原型工程,分析泥石流下一步推进的可能致灾范围。

泥石流在各截面的最大流速结果对比如图 5.17(a)所示。由图可知,现场调查与数值模拟两种分析结果表明:泥石流的最大流速均位于 4.0 m/s ~ 6.5 m/s;泥石流形成区的 1#截面及泥石流堆积区 5#截面的最大流速基本接近,而流通区 2#、3#、4#截面的数值模拟的流速要小于野外调查后利用经验公式计算所得的数据,说明泥石流运动速度在流通区受到地形和岩性的影响较大。因此,在进行数值模拟时,应根据实际的地形地貌和地层岩性调整干摩擦系数和黏滞系数,使模拟结果更加符合实际工况。

泥石流淤积情况对比如图 5.17(b)所示,1#、4#、5#截面处的泥石流沉积高度基本一致,而位于流通区罗家—卢庄—邓坊一带(2#、3#截面)的泥石流沉积高度差别较大,这可能与泥石流的颗粒级配及摩擦系数设置差异有关。将 RAMMS 数值模拟结果与原位调查进行对比发现,通过合理调整关系参数开展数值模拟可以更好地分析泥石流的掩埋及致灾影响问题。

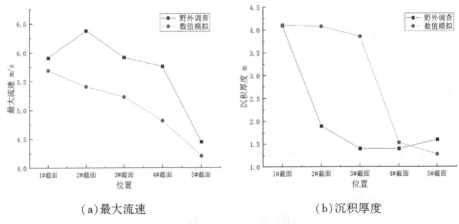

(a)最大流速   (b)沉积厚度

图5.17 现场调查与数值模拟关键参数结果对比

五、结论

(1)采用 RAMMS 模拟为卢庄沟的特征提供了全面的信息。形成区暴雨汇聚使卢庄沟上游的松散堆积物崩滑至沟道,形成了堰塞体。然后,堰塞体抬升势能增加,与其他松散岩屑或黏土相互作用,在雨水作用下堰塞坝冲刷拉沟,溃决形成泥石流。平石寺下游几条支沟的雨水汇聚,增加了主沟的泥石流动能,使泥石流的冲刷淘蚀能力增强,泥石流移动得更远。泥石流淹没和损毁了罗家到卢庄的部分农田和房屋,最后沿主沟沉积于卢庄—邓坊—官桥的平缓地带,形成堆积扇。

(2)模拟的泥石流沉积与泥石流暴发的现场位置具有较好的相关性。模拟出来的泥石流最大速度为5.69 m/s,最大沉积厚度为12.63 m,均与现场调查接近。

(3)在泥石流模拟中需要考虑不同流域颗粒级配和古泥石流堆积物厚度的影响。此外,RAMMS 确定的运动过程与流槽试验分析结果具有较好的相关性。因此,RAMMS 能够明确泥石流运动过程,确定影响区域,是暴雨诱发的中低山冲沟型泥石流减灾的有效工具。

第二节 南工地智云地质灾害监测系统研究与应用

一、产品描述

（1）研发背景

地质灾害来源于自然或人为因素的作用对地质环境的灾难性破坏，主要包括崩塌、滑坡、泥石流、地面塌陷和地裂缝等。我国地质灾害复杂多样，灾害频繁，是世界上地质灾害最严重的国家之一，其中云南、四川、重庆、贵州、陕西、湖南、湖北、江西、广东、广西、山西和福建等省最为严重。

近年来，政府高度重视滑坡、泥石流类灾害，要求越来越高，相关的研究逐步成为行业研究的重点。为增强全社会的防灾减灾意识，减少人员伤亡，提升政府部门的管理和服务效率，维护社会稳定和正常的生产生活秩序，提高人民的生活质量，促进地质灾害严重地区经济建设和社会各项事业的全面发展，使人民群众安居乐业，做好地质灾害预警预报工作已成为当务之急。

建立地质灾害产品体系，方便业主根据内在需求进行选择，进一步建设和完善地质灾害监测预警平台，使人民避免因地质灾害带来的人身和财产安全的威胁，对人民的安定团结和经济发展将发挥重要作用。

（2）地质灾害产品介绍

监测预警作为地质灾害综合防治体系建设的重要组成部分，是减少地质灾害造成人员伤亡和财产损失的重要手段。本产品体系根据不同的监测内容和设备进行设计，作为监测预警的重要手段，综合智能传感、物联网、云计算和人工智能等新技术，构建了专群结合的地质灾害监测预警系统。

为进一步推动地质灾害防治工作，加快推进地质灾害防治重点工程，强化防灾减灾体制机制建设，不断完善地质灾害防治体系，根据强化管理和加强防灾能力建设要求，综合《地质灾害专群结合监测预警技术指南（试行）》（2020年4月）和《崩塌、滑坡、泥石流监测规范》（DZ/T 0221—2006）相关内容进行本产品体系设计。

根据不同监测内容设置对应的监测项目，参考《地质灾害专群结合监测预警技术指南（试行）》（2020年4月）相应内容：

表 5.3　灾害类型与监测选项

灾害类型		监测设备							声光报警	布置
测项		位移 (GNSS)	裂缝	倾角	加速度	含水率	雨量	泥位		
滑坡	岩质	●	●	○	○		●		按需布置	具体安装位置及数量,根据灾害表现及特征综合确定
	土质	●	●	○	○	○	●			
崩塌	岩质	○	●	●	●		●			
	土质	○	●	○	○		●			
泥石流	沟谷型					○	●	●		
	坡面型			○	○	○	●			

注:●为宜测项,○为选测项。

综合以上内容,结合现场勘查,匹配对应的产品。产品主要包括监测裂缝、倾角、含水率、雨量的传感器,声光报警器,以及必要的 RTU 和对应的供电系统,具体根据实际需要选择对应的产品。

具体设备参数如下:

表 5.4　监测设备参数

监测项目	监测设备	设备参数
位移	拉线位移传感器	钢丝绳:0.6 mm 进口涂塑钢丝绳 拉线速度:600 mm/s(MAX) 量程:200/500 mm 线性精度:0.05% FS 分辨率:本质无穷小 工作温度: − 20 ~ 80 ℃ 输出信号:RS485
倾斜	盒式固定测斜仪	标准量程:± 30° 分辨率:10″ 系统精度:± 0.01° 电源:DC12V/2A 通信方式:RS485
雨量	雨量计	降雨强度:0.1 mm ~ 8 mm/min; 工作电压:DC 12 V ~ 24 V 示值误差:一次性降雨 ≤ 10 mm,误差 ≤ ± 0.2 mm; 一次性降雨 > 10 mm,误差 ≤ ± 2%

续表5.4

监测项目	监测设备	设备参数
含水率	土壤温湿度传感器	水分量程:0~100% 温度量程: −20~80 ℃ 测量精度:0~50%(范围内为 ±2%);±0.2 ℃ 工作温度: −40~80 ℃
视频	摄像头	像素:200 万像素 拍照:支持拍照功能和黑暗环境拍照功能 串口:232 或 485 通讯 供电:12 V DC 防水等级:IP67
位移变化 (可选)	激光测距仪	量程:0.5~30 m 精度:±1.5 mm 工作温度: −10~40 ℃ 输出信号:RS485
振动 (可选)	加速度计	量程:±2 g 灵敏度:1.25 ±5% V/g 带宽:0~50 Hz 测量轴向:$X/Y/Z$ 轴 输出电压范围:0~5 V
土压力 (可选)	土压力计	量程(MPa):0.2/0.4/0.8/1/2/6 灵敏度(F.S.):0.004% 工作温度(℃): −20~70 ℃
地下水 (可选)	孔隙水压计	量程(MPa):0~0.2/0.4 MPa 精度:≤0.2%F·S 测温范围: −20~70 ℃
报警装置	声光报警器	供电电压:DC 12 V 音量:110 dB
采集传输设备	RTU	接口:4 通道数据采集接口(可支持配置为振弦、RS485、RS232、IO 接口) 通讯:4G(主)/北斗(备)/NB-IoT(M5310-A)/LORA 预警触发:监测设备具备阈值触发功能,如监测数据超过阈值,则立即采集并自动上报预警推送;前端具有解析功能,达到预警值现场预警及推送预警信息 接口:可对接至地质灾害防治指挥平台

同时匹配对应的供电和立杆。产品采用一体化立杆的形式,将部分设备、

供电等安装在一根立杆上,高度集成化。供电系统满足 30 天连续阴雨天工作的要求,保证产品连续稳定地运行。

二、系统组网

整个地质灾害区域,采用局域内组网的方式,整个预警系统包含数据采集、数据中心和信息系统。数据采集采用各类传感器、拍照摄像机和声光报警器,现场布置一个 RTU 用于数据采集、前端解算、初步判断、预警推送等。同时也将数据同步发送到平台,进行数据存储、管理和分析,并进行分层、分权限管理和综合展示运用。

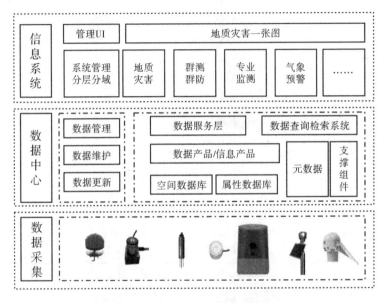

图 5.18　系统组成

系统组网包括前端感知设备、分析预警设备。利用分析预警设备(RTU)初步分析数据并判断达到阈值后,进行前端预警的推送,同步完成数据传输,包括 GPRS、北斗等,传输到平台、各监测中心。结合宏观迹象的巡检,对灾害进行进一步研判(图 5.19)。

(1)前端采集和分析预警设备。通过传感器连续进行数据采集,记录监测对象的发展趋势和动态变化,进行数据收集。此外,在前端实现初步的数据分析和预警触发,同步将预警信息推送到现场负责人处,实现快速响应。

(2)数据传输。数据传输是平台、中心和前端数据采集的桥梁,为监测数据的上传和指令的下达提供基础,目前主要为 GPRS 和北斗等。

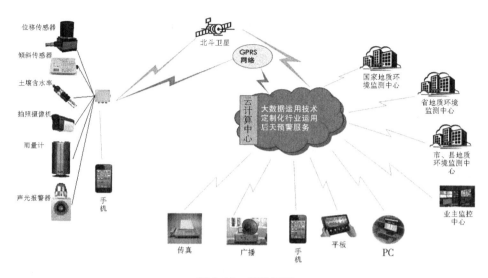

图 5.19 系统组网

（3）预警平台。通过获取前端数据、气象数据、初步的预警信息，结合宏观迹象信息进行综合分析，此外还包括信息的推送（预警和消警）、报表管理、数据管理等功能。

地质灾害监测预警平台分为六大子系统（实时监测、历史查询、图像管理、视频管理、统计分析、系统设置），实现了实时远程可视化监测，并对地质灾害直接预警，也可以将报警信息发送到手机短信或电脑终端报警。目前，该平台已经应用到遂川县禾源镇严塘滑坡、遂川县高坪镇卷旋村滑坡、上饶县广丰区五都镇紫坞滑坡 3 个地质灾害点监测，正在推广到全省地质灾害监测预警当中。

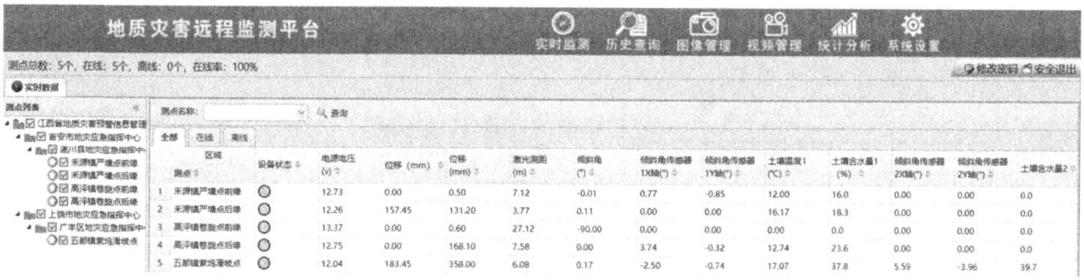

图 5.20 地质灾害远程监测平台

三、运用场景

本产品体系适用于各类地质灾害监测，同时反应快速，实现灾害快速处置。结合地质灾害群测群防隐患点的变形破坏特征及影响因素开展专群结合监测预警工作，提升群测群防监测预警和响应能力，降低因灾伤亡和经济损失。

本产品体系可实现对滑坡、崩塌、泥石流、地裂缝等不同的潜在地质灾害点,进行连续监测和及时预警,适用于山区防治、城镇保护、交通、能源、矿山等多个领域。

四、产品功能

地质灾害的发生伴随着宏观和微观变形现象,包括表面位移、裂缝产生和发展等,可以通过拉线位移传感器监测易滑段表面的相对位移变化量、综合变化速率进行评估,结合浅层的倾斜变化、气象内容进行综合评估。为避免人员前往现场巡查的时间滞后性,产品系统具有摄像头拍照功能,以便传回现场第一手资料,方便预警中心或分析人员进行评估。现场初步分析触发预警时,可进行声光报警。

地质灾害产品的运用,预警信息的发布非常关键,预警信息的发布遵循"政府主导、统一发布;属地管理,分级负责;纵向到底,全部覆盖"的原则。关键指标参数为位移和倾斜,主要通过累计值和变化速率两项指标进行评估。其余作为辅助评估手段,整体预警流程如下:

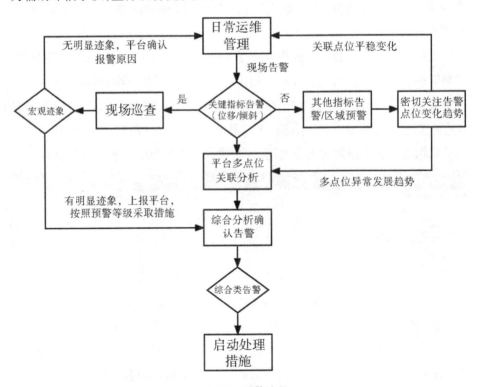

图5.21 预警流程

图 5.22 地质灾害监测研发产品试安装

第六章 中低山泥石流防治技术手册

第一节 范围

本手册规定了泥石流活动的监测内容、监测方法、监测点网布设、监测资料整理以及活动预报等技术要求。

本手册适用于已经发生过且可能继续发生变形破坏的泥石流监测以及泥石流活动的沟槽的监测。

本规范以专业监测为主,部分内容可供群测群防监测参考。

第二节 规范性引用文件

下列文件中的条款通过本标准的引用而成为本标准的条款。根据本标准达成协议的各方研究可使用这些文件的最新版本。凡是不注明日期的引用文件,其最新版本适用于本标准。

T/CAGHP006—2018　　　　　泥石流灾害防治工程勘查规范(试行)

第三节 术语和定义

一、变形监测

对地表和地下一定深度范围内的岩土体与其上建筑物、构筑物的位移、沉降、隆起、倾斜、挠度、裂缝等微观、宏观现象,在一定时期内进行周期性的或实时的测量工作。

二、泥石流

在一定的自然条件与地质条件下,沟谷中或斜坡上,饱含大量泥土和大小石块等固、液两相流体。泥石流形成、暴发的主要条件是：有利的地形,丰富的土石固体物质,大量且集中的水源。泥石流往往突然发生,来势凶猛,历时短暂,破坏力强。

三、地质环境

由岩石圈、水圈、大气圈组成的体系,主体由岩石圈及其风化产物——土壤两大部分组成。地质环境是地球演化的产物,是在最新造山运动与第四纪最后一次冰期后形成的。人类及其他生物依赖地质环境而生存和发展,同时,人类及其他生物的活动又不断改变着地质环境的化学成分和结构特征。

四、地质灾害

在自然和(或)人为因素作用或影响下,直接或间接恶化环境,降低环境质量,危害人类和生物圈安全与发展的地质事件,统称地质灾害。其狭义的定义是:在自然和(或)人为因素作用下或影响下,对人民生命财产、经济建设和环境造成损失的地质事件。按致灾速度,地质灾害可以分为突发性的和缓慢性的两大类。

第四节　总则

一、监测任务

1. 监测泥石流的活动特征及相关要素。

2. 研究中小型山体泥石流的地质环境、类型、特征,分析其形成机制、活动方式和诱发其变形破坏或活动的主要因素与影响因素,评价其稳定性,为地区经济开发规划和建设计划提供资料,促进经济建设顺利进行。

3. 研究和掌握泥石流活动的规律及其发展趋势,为灾害防治提供资料,并指导防治工程设计、施工,检验防治工程效果,保证防治工程质量和效益。

4. 研究、制定泥石流活动判据,及时按程序进行预报。预报灾害发生、发展及其时间、空间和强度(量级),避免人员伤亡,减少经济损失,不断提高预报准确率。

二、专业监测

1. 专业监测的泥石流,应是不稳定的滑坡与泥石流。

2.专业监测站(点)按其所处位置的重要性划分为四级,见表6.1。站(点)具备表中受威胁的人数和造成的经济损失中的任一指标,应为该等级。

三、群测群防监测

列入群测群防监测的泥石流,一般是潜在不稳定的和受威胁的人数、潜在造成的经济损失均较少的泥石流。

表6.1 监测站(点)分级表

监测站(点)分级	所处位置的重要性	失稳或活动性的危害	出现泥石流活动时受灾害威胁的人数(人)	泥石流活动时潜在可能造成的经济损失(万元)
Ⅰ级	特别重要 (县级和县级以上城镇等)	特大	>1000	>10000
Ⅱ级	重要 (重要集镇、重要工矿企业和重要交通设施等)	大	1000~500	10000~5000
Ⅲ级	较重要 (集中居民点、一般工矿企业等)	中	500~100	5000~100
Ⅳ级	较重要 (居民点、一般工矿企业等)	小	<100	<100

第五节 基本要求

1.对滑坡、崩塌和泥石流进行监测,必须有相应的地质勘查等资料作为依据。这些资料包括:

(1)地质勘查报告(或说明书)。主要内容包括:

①自然条件和地质条件,包括水文气象、地形地貌、地层岩性、地质构造、地震和新构造运动、水文地质条件等。

②泥石流的特征与成因,包括规模、类型和一般特征,形成条件和发育过

程,变形或活动特征等。

③泥石流的稳定性评价,包括岩土物理力学参数,稳定性计算、试验成果和综合评价,活动的方式、规模和主要诱发因素与影响因素等。

(2)泥石流所在地区和影响范围内的社会经济现状与发展远景规划资料,包括人口、直接经济价值等。

(3)能满足监测点网布设的地形图、地质图(含平面图和剖面图)和附近建设现状与规划图。

2.泥石流监测站(点)布设之前,应有上级部门或委托单位下达的任务书,监测单位根据任务书编制监测设计书。

(1)监测设计书的内容包括:任务来源和监测的重要性,自然条件和地质环境,泥石流的特征、成因和稳定性分析的主要成果,监测精度要求,监测内容论证和确定,监测方法选定,监测点网布设,监测资料整理,活动判据和预报方案,监测经费预算。

(2)监测设计书应通过下达任务的上级部门或委托单位的审批。

3.监测内容依据下列因素确定:

(1)泥石流的赋存条件、地质特征和变形、活动的主要因素与相关因素。

(2)泥石流活动的可能方式。

(3)泥石流发育阶段、活动频率。

(4)泥石流稳定性评价的需要和预报模型、预报判据的需要。

Ⅰ级监测站(点)和有条件的Ⅱ级监测站(点)的监测内容应尽可能齐全,并随其发展过程和稳定状况增加或减少监测项目,完善监测内容。

群测群防监测应重点监测相对位移和变形、活动的主要相关因素。

4.滑坡、崩塌与泥石流的监测方法,应在监测内容的基础上,根据其重要性和危害性、监测环境优劣情况和难易程度、技术可行性和经济合理性等,本着先进、直观、方便、快速、连续等原则确定。

Ⅰ级监测站(点)和有条件的Ⅰ级监测站(点)应尽可能采用多种方法和新技术、新方法进行监测,形成合理的监测方法的组合。多种方法监测所取得的数据、资料,互相联系、互相校核、互相验证,并做出综合分析,取得可靠的结论。

群测群防监测,一般采用简易方法进行监测。

5.监测仪器、设备,应能满足监测精度要求,精确可靠;能适应环境条件,抗腐蚀能力强,受温度、冻融、风、振动等作用影响小,支架焊接变形小;能保持仪器和传输线路的长期稳定性与可靠性,故障少,并便于维护和更换。

6.在经济、技术条件具备的情况下,逐步实现监测数据采集自动化和实时监测。自动化监测仪器、设备,应有自检、自校功能,没有自检、自校功能时应至少每三个月进行一次人工检查、校正,确保长期稳定。在自动化监测的同时,仍应适当地进行人工监测,保证在自动化仪器、设备发生故障时,观测数据不致中断。

7.应及时进行监测资料的编录、整理和分析研究。有条件的专业监测站(点)应尽可能采用计算机进行监测资料的编录、整理和分析研究。

8.及时进行泥石流发生、发展、暴发预报。预报分为长期、中期、短期和临灾预报。

(1)长期预报,指五年以上的危险性的预报。包括滑坡、崩塌与泥石流地质灾害区划和易发区的圈定。

(2)中期预报,指在五年到一年内将要发生的预报。

(3)短期预报,指在一年到几天内将要发生的预报。

(4)临灾预报,指在几天到几十分钟内将要发生的预报。

长期和中期的预报,在月报、季报、年报中提出;短期和临灾预报,随时出现随时提出,以专报形式提交。

9.泥石流隐患经治理或受自然环境影响已处于平稳状态时,经上级部门或委托单位批准后可以结束监测。

第六节　泥石流监测

一、监测内容

1.泥石流监测内容,分为形成条件(固体物质来源、气象水文条件等)监测、运动特征(流动动态要素、动力要素和输移冲淤等)监测、流体特征(物质组成及其物理化学性质等)监测。

2.泥石流固体物质来源是泥石流形成的物质基础,应在研究其地质环境和固体物质、性质、类型、规模的基础上(参见附录 A、附录 B),进行稳定状态监测。固体物质来源于滑坡、崩塌的,其监测内容按如下规定:固体物质来源于松散物质(含松散体岩土层和人工弃石、弃渣等堆积物)的,应监测其在受暴雨、洪流冲蚀等作用下的稳定状态。

3.气象水文条件极为重要,应重点监测降雨量和降雨历时等;水源来自冰雪和冻土消融的,监测其消融水量和消融历时等。当上游有高山湖、水库、渠道时,应了解其有无渗漏等安全问题。

在固体物质集中分布地段,应进行降雨入渗和地下水动态监测。

4.泥石流动态要素监测,包括暴发时间、历时、过程、类型、流态和流速、泥位、流面宽度、爬高、阵流次数、沟床纵横坡度变化、输移冲淤变化和堆积情况等,并取样分析,测定输砂率、输砂量或泥石流流量、总径流量、固体总径流量等。

Ⅰ、Ⅱ级监测站(点),应监测泥位。

5.泥石流动力要素监测内容,包括泥石流流体动压力、龙头冲击力、石块冲击力和泥石流地声频谱、振幅等。

6.泥石流流体特征监测内容,包括固体物质组成(岩性或矿物成分)、块度、颗粒组成和流体稠度、重度(重力密度)、可溶盐等物理化学特性,研究其结构、构造和物理化学特性的内在联系与流变模式等。

二、监测方法

1.泥石流固体物质来源于滑坡、崩塌的,其变形破坏监测方法应按对应的规定。固体物质来源于松散物质的,宜在不同地质条件地段设立标准片蚀监测点,监测不同降雨条件下的冲刷侵蚀量,分析形成泥石流临界雨量的固体物质供给量。

2.暴雨型泥石流应设立以监测降雨为主的气象站,监测气温、风向、风速、降雨量(时段降水量和连续变化降水量)等。在有条件时,宜利用遥测雨量监测系统、测雨雷达超短时监测系统、气象卫星短时监测系统等自动化监测仪器,进行降雨量的监测。对冰雪消融型泥石流,还应对冰雪消融量进行监测。降雨入渗和地下水动态监测方法按滑坡、崩塌监测的规定。

3.泥石流动态要素、动力要素监测,应在选定的若干个断面上进行。

(1)小型泥石流沟或暴发频率低的泥石流沟,宜采用水文观测方法进行监测。

(2)较大的或暴发频率较高的泥石流沟,宜利用专门仪器进行监测。常用的有雷达测速仪、各种传感器与冲击力仪、超声波泥位计(带报警器)、无线遥测地声仪(带报警器)、地震式泥石流报警器,以及重复水准测量、动态立体摄影测量等。

4.泥石流流体特征监测应与泥石流运动特征监测结合进行。

5.在有条件时,宜采用遥感技术对泥石流规模、发育阶段、活动规律等进行中长期动态监测,用地面多光谱陆地摄影、地面立体摄影测量技术,进行短周期动态监测。

三、监测频率

以降雨监测为中心的气象监测频率,应与附近气象部门气象站的监测频率保持一致。

四、监测点网布设

1.在泥石流补给区、流动区和堆积区,都应布设一定数量的监测点网。

2.泥石流固体物质来源于滑坡、崩塌的,其变形破坏监测点网的布设按有关规定。固体物质来源于松散物质的,其稳定性监测点网的布设,应在侵蚀程度分区的基础上进行,测点密度按表6.2确定。

表6.2 松散物质稳定性测点布设数量表

侵蚀程度	测点密度(个/每平方公里)
严重侵蚀区	20 ~ 30
中等侵蚀区	15 ~ 20
轻微侵蚀区	可少布或不布测点

测点重点布设在严重侵蚀区内,并根据侵蚀强度的发展趋势和变化来调整。

3.以监测降雨为主的泥石流气象站,应布设在泥石流沟或流域内有代表性的地段或试验场。降雨按下列原则布设应监测点:

(1)泥石流形成区及其暴雨带内。

(2)泥石流沟或流域内滑坡、崩塌和松散物质储量最大的范围内及沟的上方。

（3）测点选在四周空旷、平坦且风力影响小的地段。一般情况下,四周障碍物与仪器的距离不得小于障碍物顶高与仪器口高差的2倍。

（4）测点布设数量视泥石流沟或流域面积和测点代表性好坏而定。测点宜以网格状方式布设,泥石流沟或流域面积小时也可采用三角形方式布设。

4.泥石流运动情况和流体特征监测断面布设数量、距离,视沟道地形、地质条件而定,一般在流通区纵坡、横断面形态变化处和地质条件变化处,以及弯道处等,都应布设。同时,必须充分考虑下游保护区（居民点、重要设施）撤离等防灾救灾所需提前警报的时间和泥石流运动速度,可按下式估算：

$$L = t \times V$$

式中:L 为泥石流断面距防护点的距离（m）;t 为需提前报警的时间（s）;V 为泥石流运动速度（m/s）,多按下游居民避难的最短时间考虑。

泥位监测点布设在防护点上游的基岩跌水或卡口处（距防护点的距离2L）部位,且在其区间河段内无其他径流补给或补给量可忽略不计。监测并确定警报泥位及雨量。

五、活动预报

1.泥石流活动预报方法很多,包括宏观前兆法、类比分析法、因果分析法、统计分析法、仪器微观监测法等,可结合不同地区泥石流活动特点和监测资料选择使用。

2.泥石流活动预报等级,按时间分为预测级、预报级、警报级三个等级。各内容见表6.3。

表6.3　泥石流活动预报等级表

预报等级	时间	空间	方法	指标	手段	预防措施
中长期预报（预测级）	1年以上	区域、单沟	调查评价	危险度	危险度区划和数据库	防治工程或搬迁
短期预报（预报级）	1年至几个小时	区域、单沟	调查评价和监测	临界值	1.流域、沟谷、自然、地貌、地质、社会 2.暴雨监测	抢险应急工程或常规紧急避难

续表 6.3

预报等级	时间	空间	方法	指标	手段	预防措施
临灾预报（警报级）	几个小时至几十分钟	单沟	监测	警戒值	降雨、泥位、地声、流速等监测仪器及报警装置	紧急避难

3. 泥石流活动预测

泥石流活动预测,应对已取得的泥石流勘查、监测资料进行综合分析,确定泥石流形成和活动的主要因素,对泥石流的活动规律和可能产生的危害性进行危险度评判。

4. 泥石流活动预报

(1)泥石流活动预报应在预测的基础上进行。应详细分析研究地质、地貌资料和监测数据,掌握泥石流活动的激发因素及其动态变化,及时接收各种指标,并迅速传递到下游保护区。

泥石流预报的核心是确定泥石流活动的临界条件,包括:固体物质贮量及其含水量、稳定性和沟谷纵坡等地质地貌临界条件,降雨量、雨强、径流量等降雨径流临界条件等。泥石流活动的地质地貌临界条件,一般在实地调查和监测资料的基础上,通过统计分析、类比分析、稳定性计算等方法确定。降雨径流临界条件,主要根据监测资料确定,而径流量往往决定于降雨量,故降雨量临界值是分析研究的重点。

(2)泥石流活动预报包括区域性(含局地性)预报和单沟预报。单沟预报是利用短历时暴雨对单沟泥石流活动进行预报的方法。

5. 泥石流活动警报

在泥石流临近暴发时,原地监测站(或监测中心)应根据泥石流主要影响因素接近临界值的程度及振动、声音、泥位等特征,迅速向下游保护区发出警报信息并采取紧急措施,避免或减少损失。

第七节 资料整理

一、资料整理任务

泥石流监测资料整理的任务是:对各种监测数据进行综合整理归纳和分析研究,找出它们之间的内在联系和规律性,以及其与自然条件、地质环境和各种因素之间的关系,对泥石流的稳定性做出正确的评价,对其活动做出正确的预报。

二、监测数据采集

1. 监测数据采集方法

(1)监测点位的手动记录。包括各类位移监测点位处的手动记录和探头位置处的手动记录。

(2)探头位置处的自动记录。采用能传送到探头位置或附近控制板上的自动记录设备,根据手动指令将数据记录到磁带或穿孔纸带上。

(3)中心站处的手动记录。探头输出信号通过有线或无线方式传送到中心站,中心站将信号连续转换为数字输出。监测人在中心站手动记录或采用手动指令将输出数据记录在穿孔纸带上。

(4)中心站处的全自动记录。采用自动化系统,自动激发记录启动装置,进行全自动操作。

2. 数据采集时的误差消除

(1)手动记录时,应详细检查数据,校正明显的错误,或对有问题的数据重新量测,以消除错误和明显的误差。

(2)自动记录系统有可能会产生附加的错误源。记录数据在用计算机处理之前,应对数据逐步进行筛选,消除明显的错误。

3. 监测数据处理

(1)建立监测数据库。

根据监测资料类别分别建立相应的监测数据库,包括地质条件数据库、地质灾害数据库和监测数据库等。

(2)建立资料分析处理系统。

根据所采用的监测方法和所取得的监测数据,应用相应的地理信息系统、数据处理方法和程序软件包,对监测资料进行分析处理。一般包括变形速率、泥石流运动速率等,进行监测曲线拟合、平滑和滤波;绘制变形时程曲线、运动时程曲线、降雨过程曲线等,并进行时序和相关分析。

三、监测资料整理

1. 监测资料应及时整理、建档,包括:

(1)对于手动记录的原始监测数据,应计算其长度、体积、压力等有关参数,并与其他有关资料如日期、监测点号、仪器编号、深度、气温等,以表格或其他形式记录下来,进行统一编号、建卡、归类和建档。

(2)对于自动记录在穿孔纸带上的数据等资料,应及时检查并归类、建档。

(3)对于全自动记录的数据,应及时进行数据拷贝,并编号存档。

2. 应按规定间隔时间(日、旬、月、季、半年、年)对数据库内的监测数据等资料进行分析统计,计算特征值如求和、最大值、最小值、平均值等,并分类建档。

3. 按监测内容和方法分类,对各类监测资料分别进行人工曲线标定和计算机曲线拟合,编制相应的图件。重要图件包括:

(1)对绝对位移监测资料应编制水平位移、垂向位移矢量图及累计水平位移、垂向位移矢量图,上述两种位移量叠加在一起的综合性分析图、位移(某监测点或多测点水平位移、垂向位移等)历时曲线图。相对位移监测,编制相对位移分布图、相对位移历时曲线图等。

(2)对地面倾斜监测资料应编制地面倾斜分布图、倾斜历时曲线图。地下倾斜监测,编制钻孔等地下位移与深度关系曲线图、变化值与深度关系曲线图及位移历时曲线图等。

(3)对地声等物理量监测资料应编制地声(噪音)总量与地应力、地温等历时曲线图和分布图等。

(4)对地表水、地下水监测资料应编制地表水水位、流量历时曲线图,地下水位历时曲线图、土体含水量历时曲线图、孔隙水压力历时曲线图、泉水流量历时曲线图。

(5)对气象监测资料应编制降水历时曲线图、气温历时曲线图、蒸发量历时曲线图,以及不同雨强等值线图等。

(6)为进行相关分析,还应编制如下图件:含水量、降水量变化关系曲线图,泉水流量与降水量变化关系曲线图,地表水水位、流量与降水量变化关系曲线图等。

4.编制监测报告,分为月、季、年报。

监测月、季报告反映主要监测数据和主要历时曲线及相关曲线图等,并对该时段内泥石流的稳定性进行综合分析评价。

监测年度报告的主要内容包括:自然地理与地质概况,泥石流特征与成因,活动动态特征和发展趋势,结论和建议(稳定程度,防灾、治灾措施等)。若有防治工程,应增加防治工程效果评价。主要图、表包括:地质图、监测点网布置图、各种监测资料分析图和数据表等。

第七章　中低山泥石流避险手册

第一节　什么是泥石流

泥石流是快速运动的特殊洪流,它经常夹带大量泥沙和石块,冲毁能力强,对生命和财产特别危险,因为它们运动迅速,经常在山区或其他沟谷破坏沿途路径上的各种物体,使人们的生命财产蒙受巨大损失,甚至发生灾难性事故。泥石流出现在世界各地各种各样的环境中,包括所有高山、中山和低山区。

泥石流通常发生在强降雨或快速融雪期间,通常从山坡或山上开始向下冲击。泥石流的速度可以达到或超过每小时 50~60 公里,并可以携带大件松散物质,如巨石、树木甚至是汽车。如果泥石流进入陡峭的河道,它们可以移动几公里,影响到没有意识到危险的地区。最近被森林大火烧毁或震后的山区特别容易受到泥石流的影响,包括坡脚下和离山脚下几公里以外的地区。泥石流是地质灾害的一种,有时也被称为土流、泥流或土石流。

泥石流暴发突然,历时短暂。一场泥石流过程从发生到结束仅几分钟到几十分钟。泥石流是一种广泛分布于世界各国一些具有特殊地形、地貌状况地区的自然灾害。泥石流大多伴随山区洪水而发生。它与一般洪水的区别是洪流中含有足够数量的泥沙石等固体碎屑物,其体积含量最少为 15%,最高可达 80% 左右,因此比洪水更具有破坏力。泥石流经常发生在峡谷地区,在暴雨期具有群发性。它是一股泥石洪流,瞬间暴发,是山区最严重的自然灾害之一。

第二节　泥石流有哪些危害

在我国,1999 年至 2022 年,泥石流平均每年造成 200 至 220 人死亡。与泥石流有关的主要危害包括:

1. 快速移动的水和泥石流可能导致居民受伤或死亡;

2.损坏电力、水、煤气和污水管道等基础设施,还可能导致伤害或疾病;

3.中断公路和铁路,可能危及行人与车辆,破坏交通设施;

4.泥石流可以冲毁城镇、企事业单位、工厂、矿山、乡村,破坏房屋及其他工程设施,破坏农作物、林木及耕地;

5.淤塞河道,不但阻断航运,还可能引起水灾;

6.淹没下游的村庄或城镇,造成群死群伤事件;

7.破坏自然生态环境,影响中低山区生态环境建设。

第三节　泥石流活动特征

泥石流的固体沉积物含量一般超过40%,泥石流的其余部分主要由水、杂质组成。根据定义,"泥石"包括各种形状和大小的沉积物颗粒,通常从微小的黏土颗粒到巨大的巨石。媒体经常用"土流"这个词来描述泥石流,但真正的土流主要是由比沙子还小的颗粒组成的。在中低山区,土流远不如泥石流常见。因此,泥石流在中低山区普遍存在,但很少产生石流。森林地区的泥石流可能包含大量木质碎片,如原木和树桩,具有更高冲毁能力。

泥石流沉积物在野外很容易辨认,大部分泥石流沿陡峭山前的冲积扇和碎屑锥出现。完全暴露的泥石流堆积体通常呈叶状,具有富含砾石的扇前堆积,而泥石流堆积和路径的侧缘通常以富含砾石的侧堤的存在为标志。当泥石流体中易于流动的细粒碎屑物与冲击下来的巨石混在一起时,极易形成泥石流的天然堤岸,这是岩土体粒度分离的结果。

在野外,经常能看到泥石流冲击形成的陡立岸坡,这些裸露的岸坡沉积了大量的块石,它可以限制泥石流的运动路径,也提供了古泥石流规模的一些信息。通过测定生长在这些沉积物上的树木的年代,可以估计出破坏性泥石流的大致频率。这对识别经常发生泥石流很有帮助。

泥石流活动具有季节性,由于受降雨过程的影响,泥石流发生时间主要在雨季。泥石流发生前一般在当地或邻近地区有强降水发生,注意观察天气征兆,可以提前躲避一些山洪灾害。在春夏季节,当观察到下面几种天气征兆时应加强对发生泥石流的警惕性。

1. 早晨天气闷热,甚至感到呼吸有困难,一般是低气压天气系统临近的征兆,午后往往有强降雨发生。

2. 早晨见到远处有宝塔状墨云隆起,一般午后会有强雷雨发生。

3. 多日天气晴朗无云,天气特别炎热,忽见山岭迎风坡上隆起小云团,一般午夜或凌晨会有强雷雨发生。

4. 炎热的夜晚,听到不远处不断有沉闷的雷声忽东忽西,一般是暴雨即将来临的征兆。

5. 看到天边有漏斗状云或龙尾巴云时,表明天气极不稳定,随时都有雷雨大风来临的可能。

6. 泥石流暴发主要集中在傍晚和夜晚,具有明显的夜发性。从历年中国科学院观测数据来看,在夜间暴发的泥石流占泥石流发生总次数的70%以上。由于泥石流暴发的时间多在夜间,这增加了灾害的危害性,加大了对灾害警报、灾后转移人员和财产的难度。

第四节　如何科学防范泥石流

泥石流可能发生得很快,预警也很有限。最好在大雨期间或听到不寻常的声音后立即提高警惕。最好的做法是,如果你发现周围有以下任何情况,立即撤离:

看:如果你在溪流或河道附近,要注意水流是否不规则或突然增加或减少,并注意水流是否由清澈变为浑浊。这种变化可能意味着上游有泥石流活动,所以要准备迅速行动。如何判断泥石流的发生? 以前未观察到的水或泥浆流动迅速;河床中正常流水突然断流或洪水突然增大,并携带着柴草、树木,可确认河上游已形成泥石流。

听:听一下是否有异常的响声,如树木剧烈断裂或倒下的声音,或巨石碰撞的声音;深谷或沟内传来类似火车的轰鸣声或闷雷声,哪怕极弱也可认定泥石流正在形成。另外,沟谷深处变得昏暗并伴有轰鸣声或轻度的振动,也说明沟谷上游已发生泥石流。

作为泥石流易发区的居民,在泥石流发生前,必须做好以下必要的准备工作：

一是每个人平时应尽可能多地学习了解一些泥石流灾害防治的基本知识，掌握自救逃生的本领；

二是无论是在居住场所还是在野外活动场所，都必须首先观察熟悉周围环境，预先选定好紧急情况下躲灾避灾的安全路线和地点；

三是多留心注意泥石流可能发生的前兆，动员家人做好随时安全转移的思想准备；

四是根据自己的判断，一旦认定情况危急时，除及时向主管人员和邻里报警外，应先将家中的老人和小孩及贵重物品提前转移到安全地带；

五是事前积极参加灾险投保，尽量减少灾害损失，提高灾后恢复能力。

第五节　泥石流来了应该怎么办

如果发现泥石流来了，可采取如下措施：

1. 不要慌张，如果在建筑物中，选择离接近的泥石流最远的地方寻找掩体。

2. 如果在家中，已经难以逃离，选择躲在结实的桌子或长凳下面。

3. 将身体紧紧卷成一个球，保护你的头。

4. 尽可能将灾害发生的详细情况迅速报告相关政府部门和单位。

5. 做好自身的安全防护工作。

6. 应在滑坡隐患区附近提前选择几处安全的避难场地。

7. 避灾场地应选择在易滑坡两侧边界外围。在确保安全的情况下，离原居住处越近越好，交通、水、电越方便越好。

8. 不要将避灾场地选择在滑坡的上坡或下坡。

9. 更不要不经全面考察，从一个危险区搬迁到另一个危险区。

10. 在重新入住之前，应注意检查屋内水、电、煤气等设施是否损坏，管道、电线等是否发生破裂和折断，如发现故障，应立刻修理。

11. 必须经过实地勘察，确定正确的撤离路线。

12. 如果你没有注意到任何泥石流警告标志，但你所在地区已经发布了官方警告，那么无论其迫近程度如何，保持安全的最佳方法是撤离房屋。

如何躲避泥石流?

1.认真阅读我们准备的避险手册,了解您和您的家人如何在疏散中保持安全。

2.还请查阅地质灾害疏散地图,以规划您的安全路线,远离当前的紧急情况。

3.如果泥石流已经发生,要意识到二次泥石流的可能性以及由此产生的新危险。如果你目前是安全的,最好不要撤离该地区,而是等待紧急救援人员来帮助你。

4.在泥石流多发季节尽量不要在泥石流多发山区逗留。野外扎营时,不要在山坡下或山谷、沟底扎营。

5.一旦遭遇大雨、暴雨,要迅速转移到高处,不要顺沟方向往上游或下游跑,要向两边的山坡上面爬。千万不可在泥石流中横渡。

6.已经撤出危险区的人,暴雨停止后不要急于返回沟内住地收拾物品,应等待一段时间。

第八章　结语

　　本书在前人研究的基础上,以鄱阳湖流域中低山泥石流监测预警进行综述,分析中低山泥石流的物质组成及其相关工程特性,开展了泥石流堆积体的结构单元定量研究,构建 GMD 模型对中低山泥石流进行了监测预警研究,并利用数值模拟方法进行验证,提出中低山泥石流的防治对策及建议。

　　研究结果表明,中低山区不稳定斜坡在降雨作用下往往会诱发泥石流,一旦没有查明其工程地质条件,往往会造成泥石流灾害。目前泥石流勘测常常采用野外调查法进行,但结合工程地质分析与动力学分析进行综合勘测,可以提高中低山冲沟型泥石流防治的精准度,可以更好地服务于泥石流治理工程。同时,根据这些精准勘查结果,可以更好地分析出泥石流的成因机制,因地制宜地做好地质灾害防治。而且考虑泥石流的地质—力学—形变的 GMD 模型,可以使水力作用—变形运动的理论解释较为合理,然而目前该 GMD 模型的泥石流监测预警需要更加深入的研究。尤其在汛期,一些泥石流的位移速率最大甚至可以达到 50 km/h,因此开展泥石流的监测预警分析显得尤为重要。

　　然而,应用工程地质分析和 GMD 模型对鄱阳湖流域中低山泥石流进行预警并不是一项简单的任务。为了确定是否能够进行超前预警,本书通过野外调查、现场试验、降雨物理模拟试验、流槽试验、数值模拟等手段,对研究地点的地质背景、形成机制和运动特征进行彻底的调查评价,了解泥石流物质组成结构、岩土物理力学性质、受力变形机制、地形地貌等内在因素与降雨、人工切坡等外在因素对泥石流运动距离、堆积厚度的关系至关重要。同时必须仔细选择监测设备和传感器的位置,并研发性价比高、精准有效的监测预警系统及设备,以适应鄱阳湖流域中低山暴雨型泥石流点多、面广、形成机制复杂的预防形势。

　　本书结合实际监测数据和稳定性分析计算结果确定滑坡的地表位移、倾斜角、地下水位、土压力等多参数作为中小型滑坡的主要预警指标,研发了一套价格低廉、耐腐蚀、安装方便的普适型地质灾害监测预警产品。采用 RTU 集成技术,将现场监测、远程监测和即时报警串联起来,可为全国灾害综合风险防控体系建设提供一种新的技术设备和方法（见表 8.1）。

表 8.1　与国内外同类技术对比

核心技术	成果内容	国内外相关研究机构和同类成果	本项目成果	对比评价
多参数融合的泥石流监测预报预警技术	创新性地提出了多参数泥石流地质灾害 GMD 监测预警模型	国内外通过降雨量、降雨强度及汇流时间等，利用累计降雨量或实时降雨量，转换为断面泥石流流量进行时间的预警，泥石流次声的临界指标为 30 s，泥石流峰值流量持续指标为 2 min <5 m^3。	降雨—受力—变形的泥石流内在机制研究辅助基于 Voellmy 模型的模拟分析，泥石流监测预警时间指标可达 10 s，泥石流峰值流量持续指标可达 1 min <2 m^3。	■领跑 □并跑 □跟跑
	研发了适宜中低山泥石流的多参数融合的监测预警系统	美国地质调查局研发的泥石流监测仪器，包括雨量计、激光测距仪（以 10 Hz 采样）、测力板（333 Hz）、三轴检波器（333 Hz），以及高清摄像机（每秒 23 帧），设备 30～50 万美元。深圳北斗云研发的泥石流监测系统成本 20～30 万元，雨量计精确度为 2 mm～8 mm/min，观测数据 20 Hz，速度精度 0.03 mm/s。	南工地智云多参数融合监测预警系统成本 1～5 万元，雨量计精确度为 0.1 mm～8 mm/min，整机功耗 ≤ 2.0 W，可选用 4G（主）、北斗（备）、NB-IoT（M5310-A）、LORA 等方式进行数据传输，地震动频率可达 50 Hz，市电供电、蓄电池供电、太阳能供电可选。	■领跑 □并跑 □跟跑

本书研究的目标是建立鄱阳湖流域中低山泥石流一体化监测预警技术，提高减灾防灾救灾的能力。本研究获得了国家自然科学基金（42162025）"基于 CHLT 系统的牛顿流变与 Voellmy 流变联合作用降雨型滑坡碎屑流运动距离及预测模型研究"、国家自然科学基金应急管理项目（41641023）"降雨条件下砂岩区类土质滑坡强度劣化规律及致灾机理研究"、江西省科技重点研发计划项目（20177BBG70046）"鄱阳湖流域中低山泥石流监测预警技术研究与示范"、江西省自然资源厅科研项目（赣自然资办函〔2022〕224 号）"江西省居民建房切坡地质灾害防治研究"、江西省"科技 + 水利"联合计划 2022 重大专项（2022KSG01007）"极端暴雨条件下城市洪涝风险预警与防范技术研究"、江西省科技重点研发计划项目（20203BBGL73220）"鄱阳湖区中小河流域山洪地质灾害普适性监测预

警技术研究与示范"以及 2021 年度浙江省山体地质灾害防治协同创新中心开放基金(2PCMGH - 2021 - 02)、河北省高校生态环境地质应用技术研发中心开放基金(JSYF - Z202201)的资助,项目研究成果形成了本书内容。

本书重点对典型中低山冲沟型泥石流形成的水—力相互作用及过程进行了研究,得出相应结论的同时也存在一些有待进一步研究之处:①卢庄沟泥石流的建立是在 2011 年发生的泥石流调查数据的基础上完成的,但监测到能凸显该泥石流的汛期运动特征的参数还较少,缺乏一定的对比,这还需通过后续的调查数据加以完善。②对于鄱阳湖流域中低山泥石流的过程模拟,目前最为关注的是泥石流的水位变化,然而针对像杜家沟这类突发性的台风暴雨型山洪泥石流,仅依靠黏滞系数来开展数值模拟与真实情况存在一定的差距,应该加强水力对泥石流冲沟稳定性的影响,因此在后续的研究中可以考虑利用渗流力对泥石流的作用机制来开展泥石流的监测预警。

参 考 文 献

[1]HÜRLIMANN M,COVIELLO V,BEL C,et al. Debris-flow monitoring and warning:review and examples[J]. Earth-science reviews,2019.

[2]DOMÈNECH G,FAN X M,SCARINGI G,et al. Modelling the role of material depletion,grain coarsening and revegetation in debris flow occurrences after the 2008 Wenchuan earthquake[J]. Engineering geology,2019,250:34 – 44.

[3]袁良浍,朱世煜. 江西省崩滑流灾害影响因素的定量研究[J]. 城市建设,2012(30):249 – 252.

[4]高波,王佳运,张成航,等. 青海省玉树州高原暴雨型泥石流形成机制:以称多县拉隆沟泥石流为例[J]. 水土保持通报,2016,36(2):28 – 31.

[5]曾昭华. 江西省地质灾害的形成及其分布规律[J]. 地质与勘探,1997(4):17 – 20.

[6]胡卸文,吕小平,黄润秋,等. 唐家山堰塞湖大水沟泥石流发育特征及堵江危害性评价[J]. 岩石力学与工程学报,2009,28(4):850 – 858.

[7]中国地质灾害防治工程行业协会. 泥石流灾害防治工程勘查规范[M]. 武汉:中国地质大学出版社,2008.

[8]SAITO M,ARAYA T,NAKAMURA F. Sediment production and storage processes associated with earthquake-induced landslides in Okushiri Island,1993[J]. Journal of the Japan society of erosion control engineering,1994,47(6):28 – 33.

[9]甘建军,吴晗,黄润秋,等. 汶川地震区典型堆积体成灾模式研究[J]. 灾害学,2013,28(4):40 – 44,88.

[10]甘建军,孙海燕,黄润秋,等. 汶川县映秀镇红椿沟特大型泥石流形成机制及堵江机理研究[J]. 灾害学,2012,27(1):5 – 9,16.

[11]李云,陈晓清,游勇,等. "梯 – 潭"型泥石流排导槽研究初析[J]. 灾害学,2014,29(4):173 – 175.

［12］黄润秋,等. 汶川地震地质灾害研究［M］. 北京:科学出版社,2009.

［13］叶民华. 台风"麦德姆"引发德安县特大暴雨临近预报分析［J］. 大气科学研究与应用,2015(1):48 – 55.

［14］袁丽侠,崔星,王州平,等. 浙江乐清仙人坦泥石流的形成机制［J］. 自然灾害学报,2009,18(2):150 – 154.

［15］YU B,LI L,WU Y F,et al. A formation model for debris flows in the Chenyulan river watershed,Taiwan［J］. Natural hazards,2013,68(2):745 – 762.

［16］SEZAKI M,KITAMURA R,YASUFUKU N,et al. Geodisasters in Kyushu area caused by Typhoon No. 14 in september 2005［J］. Soil and foundations,2006,46(6):855 – 867.

［17］王一鸣,殷坤龙. 台风暴雨型泥石流启动机制［J］. 地球科学,2018(A2):263 – 270.

［18］HUANG C C. Critical rainfall for typhoon-induced debris flows in the Western Foothills,Taiwan［J］. Geomorphology,2012,185:87 – 95.

［19］李凯,吴中海,李家存,等. 江西九江及邻区主要断裂活动性遥感综合分析［J］. 地质力学学报,2016,22(3):577 – 593.

［20］吴文革,谢卫红. 江西德安彭山穹窿构造特征及其控岩控矿作用［J］. 北京地质,2005,17(1):7 – 11.

［21］刘艳辉,温铭生,苏永超,等. 台风暴雨型地质灾害时空特征及预警效果分析［J］. 水文地质工程地质,2016,43(5):119 – 126.

［22］甘建军,袁良浍,李明,等. 鄱阳湖流域暴雨型泥石流形成机制与动力特征:以江西修水县卢庄沟泥石流为例［J］. 灾害学,2017,32(2):154 – 158.

［23］唐川,张伟峰,黄达. 美姑河牛牛坝水电站库区泥石流基本特征［J］. 防灾减灾工程学报,2006,26(2):129 – 135.

［24］贺拿,杨建元,陈宁生,等. "6·28"矮子沟特大泥石流灾害成因研究［J］. 防灾减灾工程学报,2013,33(6):671 – 678,697.

［25］FRANK F,MCARDELL B W,HUGGEL C,et al. The importance of entrainment and bulking on debris flow runout modeling:examples from the Swiss Alps［J］. Natural hazards and earth system science,2015,15(11):2569 – 2583.

［26］CHRISTEN M,KOWALSKI J,BARTELT P. RAMMS:numerical simulation of dense snow avalanches in three-dimensional terrain[J]. Cold rgions science and technology,2010,63(1/2):1 – 14.

［27］方成杰,钱德玲,徐士彬,等. 基于可拓学和熵权的中巴公路泥石流易发性评价[J]. 自然灾害学报,2016,25(6):18 – 26.

［28］DIETER R,MARKUS Z. The 1987 debris flows in Switzerland:documentation and analysis[J]. Geomorphology,1993,8(2/3):175 – 189.

［29］聂银瓶,李秀珍. 基于 Flow-R 模型的八一沟泥石流危险性评价[J]. 自然灾害学报,2019,28(1):156 – 164.

［30］VASU N N,LEE S R,LEE D H,et al. A method to develop the input parameter database for site-specific debris flow hazard prediction under extreme rainfall [J]. Landslides,2018,15(8):1523 – 1539.

［31］LAURA M S,DAVID J P,ANTONINO C. A combined triggering-propagation modeling approach for the assessment of rainfall induced debris flow susceptibility[J]. Journal of hydrology,2017,550(7):130 – 143.